Dialogue sur les deux grands systèmes DES mondes

Pierre North

Dialogue sur les deux grands systèmes DES mondes

Hermann
Histoire des sciences

Dans la même collection

- *Ampère, Arago et Fresnel*
- *Voyage au centre de la science au XXe siècle*
- *Mathématiques et arts*
- *L'essor des neurosciences*
- *L'abbé Bertholon*
- *Études galiléennes*
- *Henri de Varigny, darwinien convaincu*
- *Louis Pasteur, cinq années dans les Cévennes au pays de l'arbre d'or*
- *Antoine d'Abbadie, voyageur et physicien au XIXe siècle*
- *Antoine de Fourcroy, Savant, franc-maçon, homme politique*
- *Le docteur Édouard Brissaud (1852-1909), un neurologue d'exception dans une famille d'artistes*
- *Filipo Bruneschelli, le dôme de Florence, paradigme du projet*
- *Henri Poincaré – Ce que disent les choses*

www.editions-hermann.fr

ISBN 978 2 7056 70887

A la mémoire du regretté Carl Sagan
et à ses enfants spirituels

Table des matières

Remerciements

Je tiens à remercier ceux qui m'ont encouragé dans l'écriture de ce livre : Luc et Isabelle Olekhnovitch, ainsi que mon épouse Agnès qui a aussi relu le manuscrit. Je remercie particulièrement mon fils Nathan pour ses nombreuses remarques et critiques constructives dont j'ai essayé de tenir compte. Ma reconnaissance s'adresse aussi aux professeurs et collègues qui m'ont initié à la pratique de la science ou qui m'accompagnent encore dans cette pratique, et avec qui j'ai eu le privilège d'échanger lors de conversations de cafétéria ou de co-voiturage durant de longues années.
Merci enfin à mon fils Thibault pour son aide technique.

Avant-propos

Pour exposer ses arguments en faveur du système héliocentrique, Galilée choisit le mode du dialogue. C'est ainsi qu'il publia son fameux « Dialogue sur les deux grands systèmes du monde », où interviennent trois personnages : Salviati, qui représente Galilée lui-même et finit par gagner ses interlocuteurs à sa cause ; Sagredo, le gentilhomme éclairé, esprit curieux, ouvert et intelligent qui sert en quelque sorte de faire-valoir à Salviati ; Simplicio enfin, qui joue le rôle ingrat du partisan de la vieille physique d'Aristote et du système géocentrique et qui permet à Salviati, par ses objections, d'élaborer et de préciser son argumentation. L'enjeu du « Dialogue » est le choix du système héliocentrique, où le Soleil est fixe tandis que les planètes, Terre comprise, tournent autour de lui, au détriment du système géocentrique qui suppose la Terre fixe au centre du monde, le Soleil et les autres planètes tournant autour d'elle. Simplicio sort évidemment quelque peu ridiculisé de ces entretiens, et c'est une des raisons qui valurent à Galilée son procès devant l'Inquisition, certaines susceptibilités ayant été heurtées.

Nous ne sommes plus au début du XVIIe siècle et le système héliocentrique est admis par tous depuis longtemps. Par contre, il subsiste depuis l'Antiquité un débat dont on parle de plus en plus et qui est très loin d'être clos : celui de la pluralité des mondes habités, comme on disait autrefois, ou de l'existence de vie intelligente extraterrestre, selon des termes plus modernes. Il y a bien sûr un débat intermédiaire, qui consiste à s'interroger sur l'existence de vie extraterrestre en général, qu'elle soit sous forme de bactéries ou de vertébrés évolués, mais il est moins populaire parce que moins évocateur, et il engendre inévitablement, de toute manière, la question de la vie intelligente. Or cette question apparaît très naturellement, dans le contexte d'une philosophie matérialiste, comme une petite-fille naturelle du principe copernicien, selon lequel la Terre n'occupe pas une place privilégiée dans l'univers. Car si la Terre n'est pas le nombril de l'univers, voilà précisément le Sésame qui ouvre tout grand l'accès à ce que l'on nomme parfois le principe de banalité, à savoir l'idée que la Terre n'a aucune raison d'être unique. C'est au fond une conséquence nécessaire du seul principe copernicien, même si l'on se limite au système solaire : la Terre devient une planète parmi d'autres. Des anciens comme Épicure l'avaient déjà suggéré, et à la Renaissance Giordano Bruno l'avait affirmé avec plus de force encore. Aujourd'hui, la récolte abondante de planètes extrasolaires (c'est-à-dire tournant autour d'une autre étoile que notre Soleil) vient sceller à jamais la banalité de notre petite Terre. Ainsi le principe copernicien engendre-t-il le principe de banalité : de là, puisque la Terre est habitée, on infère que l'humanité, elle non plus, n'a aucune raison de jouir de quelque statut privilégié que ce soit. Ainsi, la logique conduit à la conclusion que d'autres humanités devraient peupler l'univers, comme l'avait proposé Épicure, pour la plus grande confusion de l'anthropocentrisme.

A l'époque de Galilée, de fortes présomptions existaient en faveur du système héliocentrique, mais la preuve définitive manquait encore, bien que Salviati crût la trouver dans le phénomène des marées. La faiblesse de l'argument n'avait pas échappé aux prélats érudits et contribua à leur irritation.

Aujourd'hui, nous sommes un peu dans une situation semblable quant à la question de la pluralité des mondes habités, bien que celle-ci soit beaucoup plus loin d'être tranchée que ne l'était celle de l'héliocentrisme au début du XVIIe siècle. La chose est cependant à la mode, spécialement depuis que des radioastronomes ont commencé à rechercher des signaux émis par d'hypothétiques civilisations extraterrestres. Les biologistes tendent à être beaucoup moins optimistes que les astronomes quant à la pluralité des formes de vie intelligente, mais le sujet revêt une telle importance philosophique que les chercheurs de signaux extraterrestres persévèrent encore, cinquante ans après la toute première tentative.

L'existence des civilisations extraterrestres étant déduite du principe copernicien, pourquoi ne pas « ranimer» les trois personnages qui contribuèrent à asseoir ce principe afin de les faire méditer, cette fois-ci, sur ce sujet brûlant ? On admettra que Salviati, Sagredo et Simplicio sont restés vivants et attentifs aux progrès des sciences durant les quelque quatre siècles écoulés depuis leur premier dialogue, et qu'ils sont donc parfaitement bien placés et compétents pour discourir de notre sujet, en un dialogue sur les deux grands systèmes des mondes. Les mondes en question sont évidemment les planètes extrasolaires dont on sait maintenant qu'elles existent. Les deux grands systèmes sont celui qui admet notre humanité comme unique dans l'univers entier, d'une part, et celui qui suppose au contraire la multiplicité des formes de vie intelligente et donc des civilisations extraterrestres, d'autre part. Lequel des deux est-il vrai ? L'humanité sera-t-elle amenée à s'ouvrir à une sorte de communauté des nations cosmiques, comme l'implique avec insistance la sagesse populaire contemporaine, ou devrait-elle, au contraire, résister encore et toujours à l'envahissante banalité ? Un quelconque anthropocentrisme doit-il encore subsister après la déroute du géocentrisme, ou ne peut-il que s'avérer un grotesque anachronisme ? C'est à cette question fondamentale et millénaire que nos trois amis ont l'ambition, sinon de répondre, du moins de réfléchir.

DIALOGO
di
PIERO LVDOVICO NORTO
AL SER.mo CH. KLEIBER SEGR. EDV. RIC.
HELV ETIA
Pierre L. North

Première journée : Retrouvailles et réminiscences

Salviati : Voilà déjà plus de 360 ans que nous nous étions rencontrés pour échanger sur une question cruciale à l'époque, à savoir les deux grands systèmes du monde, celui de Ptolémée d'Alexandrie[1], hérité de l'Antiquité, et celui de Copernic[2] alors nouveau et même, pour beaucoup, révolutionnaire. Tandis que le système de Ptolémée supposait la Terre fixe au milieu du monde, avec la Lune, le Soleil, les planètes et même les étoiles tournant autour d'elle, celui de Copernic supposait au contraire le Soleil fixe avec les planètes, Terre comprise, tournant autour de lui, les étoiles restant fixes très loin de notre système solaire.
Nous avions alors conclu à la supériorité du système de Copernic et le temps, qui a bien fait son œuvre, nous a donné raison, sans parler de quantité d'autres questions relatives à la physique d'Aristote[3] et à sa prétendue perfection du ciel.

Sagredo : Ce fut une période palpitante et remplie d'angoisses, mais les siècles qui l'ont suivie nous ont éblouis de mille feux plus passionnants encore. A la nouvelle physique que vous fondâtes, Signor Salviati, bien des années après notre rencontre, s'ajoutèrent les Principes de la philosophie mathématique du grand Isaac Newton[4] et tant d'autres choses d'une si grande richesse que j'en ai le souffle coupé rien que d'y songer.

Salviati : Oui mes amis, nous avons été témoins d'innombrables merveilles scientifiques ces derniers siècles, au point que l'on pourrait se demander s'il

---

[1] Env. 90 – env. 168. Claude Ptolémée a écrit en particulier l'*Almageste*, contenant les connaissances astronomiques de son temps, et une *Géographie*.
[2] Nicolas Copernic, 1473-1543, publia son système sous le titre *De revolutionibus orbium coelestium libri VI*.
[3] 384-322 av. J.-C.
[4] 1642-1727.

reste encore des questions à résoudre, des mystères à éclaircir, ou si au contraire, les hommes de science ayant tout accompli devraient désormais prendre une retraite dorée. Peut-être devraient-ils maintenant s'esbaudir en s'en allant cultiver leur jardin, ou alors se consacrer à la philosophie – non mathématique[5] – qui est précisément, comme on le sait, l'apanage des chercheurs à la retraite et une faiblesse innocente que leurs jeunes collègues leur concèdent avec une générosité amusée.

Or, si des chercheurs méritaient une retraite dorée, ce serait bien nous, mes amis, car même si nous sommes restés quelque peu passifs ces derniers temps, au sens où nous n'avons pas produit d'œuvre scientifique, cela n'aura pas été une mince affaire que de nous tenir au courant des progrès de la science, et en particulier des sciences physique et astronomique, auxquelles il a fallu encore ajouter la biologie. De mon temps, si j'ose dire, les sciences n'avaient point encore une si large variété, et un individu pouvait naviguer avec une certaine aisance sur la mer des connaissances humaines et en connaître tous les ports.

Il y a cependant encore de grandes questions à résoudre, et c'est pour discuter de l'une d'elle que je vous ai invités à mon tour[6], mes amis, car je sais avec quelle attention vous avez suivi l'actualité des sciences et avec quelle vivacité d'esprit vous menâtes vos réflexions et les exposâtes parfois au grand public. Cette question est bien à notre mesure pour deux raisons : d'une part elle touche à la philosophie (non mathématique), à la physique et à la théologie, ce qui est bien adapté à notre humble condition de chercheurs en semi-retraite ou même en retraite pleine et entière. D'autre part, elle s'inscrit comme nous allons le voir dans les conséquences directes du triomphe posthume du Signor Copernic, et vous savez combien je fus et demeure attaché à cette doctrine que les travaux scientifiques n'ont cessé de confirmer encore et toujours.

Cette question, dis-je, est celle de la pluralité des mondes habités : la Terre est-elle la seule planète de tout l'univers, qui abrite une vie douée de raison et d'intelligence, ou bien y a-t-il quelque part dans notre Galaxie – ou encore dans d'autres galaxies – des êtres qui, comme nous, lèvent les yeux vers le

[5] C'est-à-dire la philosophie tout court, par opposition à la *philosophie mathématique* qui incluait la physique et la mécanique céleste (voir par exemple le titre de l'œuvre de Newton cité quelques lignes plus haut) et qui de nous jours inclurait les sciences dites *dures*.

[6] Dans le « Dialogue sur les deux grands système du monde » de Galilée, c'est Sagredo qui invitait.

ciel et s'interrogent non seulement sur la nature des étoiles, mais aussi sur leur propre condition, solitaire ou solidaire d'autres habitants de l'immensité céleste ? Voilà la question, voilà ce qui nous réunit à présent. Tâchons d'explorer tous les aspects de ce problème : non seulement les aspects techniques, que beaucoup d'autres ont fort doctement abordés, mais aussi les aspects philosophiques auxquels notre statut de retraités permet d'accéder tout en satisfaisant au principe sacré de la conservation de la bienséance.

Sagredo : Vous me voyez ravi, Signor Salviati, d'une si heureuse initiative, à laquelle je souscris avec enthousiasme et avidité. Comme vous le savez, j'eus dans ma jeunesse de nombreux et passionnants entretiens précisément sur ce sujet, avec une charmante marquise de mes connaissances dont la grâce et l'esprit pétillant avaient stimulé ma réflexion. Bien que j'eus plus tard l'occasion de deviser avec elle d'autres problèmes, je serai ravi de solliciter à nouveau sa compagnie pour lui faire part de nos derniers progrès philosophiques. Ma seule réserve est que je ne suis pas aussi sûr que vous de la raison et de l'intelligence de nous autres humains, mais bah ! foin de ces subtiles nuances pour l'instant, je vois bien ce que vous entendez par là. Que les mânes des péripatéticiens[7], des atomistes et de tous les précurseurs de la philosophie et de la science soient avec nous dans cette entreprise, et que les lumières de la raison nous guident !

Simplicio : J'ose à peine prononcer une parole, au vu du succès si éclatant de la doctrine copernicienne et à celui non moins éclatant de votre physique, Signor Salviati… et surtout au vu de la débâcle si lamentable et si définitive de la physique d'Aristote qui fut mon maître. Cependant, on sait que la réfutation est à la science ce que le solfège est à la musique : on ne peut exercer l'une sans travailler aussi l'autre, ainsi est faite la vie. Quant à votre idée, Signor Salviati, c'est avec joie que j'y participe, car bien des questions se bousculent dans ma tête au sujet des hypothétiques habitants qui peupleraient le cosmos. Puisque nul ne sait s'ils existent, personne ne détient en cette matière l'avantage que pourrait lui prodiguer de meilleurs instruments ou une ruse mathématique qui le rendrait capable de résoudre des équations à nul autre solubles. Tous, du plus savant et du plus avisé au plus démuni et au plus naïf, sont égaux devant l'énigme, que seules des

---

[7] Aristote et ses disciples, qui devisaient en se promenant dans le Lycée.

sortes d'« expériences de la pensée » sont susceptibles d'éclairer. Ainsi donc, si naïf j'étais, naïf je resterai, et c'est peut-être par ma persévérance dans la naïveté que j'aurai l'heur d'amener quelque bribe de brique utile à notre édifice commun.

Salviati : C'est précisément le caractère extrêmement hypothétique et spéculatif de notre problème qui m'a inspiré le titre que nous pourrions donner à notre entretien : il s'agit bien de deux grandes manières de voir non plus seulement le monde, qui évoque maintenant notre modeste globe terrestre, mais bien les mondes, extrasolaires comme on dit, et qui assurément se comptent par myriades – des mondes peuplés à l'infini, grouillant de vie, bourdonnant d'activité, ou au contraire une humanité solitaire, en quelque sorte fille unique de la Nature. Ce sont bien là deux grands systèmes, qui se réduisent plutôt, faudrait-il dire, à deux hypothèses, deux inspirations, deux perceptions de l'univers et de la place de l'humanité dans celui-ci. Nous tâcherons de préciser autant que faire se peut chacune des deux doctrines. Néanmoins, je crains que malgré nos patients efforts, ces deux systèmes restent encore d'irréductibles concurrents pour longtemps… mais qui sait ?

Sagredo : Avant d'aborder votre question de front, il me paraît utile de la replacer dans son contexte historique et d'expliquer les raisons de sa persistance. Après tout, rien n'est plus didactique que l'histoire elle-même, et même le plus brillant représentant des sciences « dures », lorsqu'il expose une théorie, ne fait rien d'autre en somme que de conter une histoire d'une élégance toute particulière. Et si son histoire est trop abstraite, il l'agrémente d'illustrations et de paraboles qui sont autant de contes, qui valent bien ceux des mille et une nuits par le merveilleux, et infiniment plus par l'harmonie, la cohérence, la rigueur et la beauté. Voulez-vous donc bien, Signor Salviati, nous rafraîchir la mémoire ?

Salviati : Bien volontiers, Signor Sagredo. En premier lieu, contemplons la très grande antiquité de la question de la pluralité des mondes. Déjà le célèbre atomiste grec Épicure[8] avait affirmé la pluralité des mondes. Dans une lettre à l'historien Hérodote, il avait écrit ceci :

---

[8] 342-270 av. J.-C.

« Mais un nombre infini de mondes existent, certains semblables à celui-ci, tandis que d'autres sont différents ».
Il croyait déjà, avec d'autres atomistes comme Leucippe[9] et Démocrite[10] que l'univers était infini et éternel, sans commencement ni fin. Les êtres et les événements étaient le fruit de la nécessité et du hasard, dans un monde à la fois déterministe et contingent. Le vulgarisateur latin des atomistes grecs, Lucrèce[11], a lui aussi évoqué la notion de pluralité des mondes habités dans son œuvre « De natura rerum » :
« Il est des plus improbable que cette Terre et ce ciel soient les seuls à avoir été créés… Rien dans l'univers n'est seul de son espèce, unique et solitaire dans sa naissance et sa croissance… Tu es donc forcé de reconnaître que dans d'autres régions il y a d'autres Terres et diverses tribus d'hommes et diverses espèces d'animaux. »
Mais tous les philosophes grecs, naturellement, n'étaient pas d'accord entre eux, et Aristote était opposé à l'atomisme. Pour lui, contrairement à ce que professaient les atomistes, la Terre n'était pas un monde parmi d'autres, mais bien un monde unique, à part, de nature différente des astres. Ceux-ci étaient à ses yeux parfaits et éternels, exempts des corruptions et des changements qui affectent le monde sublunaire. Nous en avions longuement débattu lors de notre dialogue sur les deux grands systèmes du monde, si bien que nous n'entrerons pas dans plus de détails. Toujours est-il que l'idée de pluralité des mondes ne peut tout simplement pas trouver place dans le système d'Aristote, comme une pièce d'un puzzle ne peut s'harmoniser avec celles d'un autre puzzle que celui auquel elle appartient.
Or ce fut Aristote et son système qui furent adoptés en quelque sorte par l'Europe médiévale, si bien que là tout au moins, la pluralité des mondes fut oubliée pour bien des siècles.

Sagredo : Jusqu'au XVIe siècle, où Copernic s'avisa qu'il était plus simple de faire tourner toutes les planètes autour du Soleil, y compris notre Terre, plutôt que de maintenir le système compliqué de Ptolémée avec ses cercles déférents et épicycles destinés à maintenir à tout prix le dogme des mouvements circulaires.

---

[9] 5e siècle av. J.-C.
[10] 460-370 av. J.-C.
[11] 95 ?-55 av. J.-C.

Simplicio : Après tout, Ptolémée a fait de son mieux pour bâtir une théorie susceptible de reproduire les observations. Il fallait bien qu'il partît de quelque chose que je n'appellerais pas dogme – puisqu'un tel mot, contre lequel je n'ai personnellement rien, souffre actuellement d'une connotation désastreuse et évoque l'arbitraire dans toute son horreur – mais plutôt principe, c'est-à-dire justement une sorte de point de départ admis jusqu'à preuve du contraire et indispensable pour commencer à construire. On pratique encore de même aujourd'hui : le principe cosmologique suppose l'univers homogène et isotrope[12] à grande échelle, et il est admis par tous pour la bonne raison qu'il est bien difficile de s'en passer, d'une part, et que d'autre part l'isotropie de l'univers est bien vérifiée, même si son homogénéité est mise en question par certains qui lui trouvent plutôt une structure fractale. Mais je m'éloigne de notre propos…

Salviati : Il est vrai que le système de Ptolémée était non seulement fort ingénieux, mais permettait aussi de prédire les positions des planètes avec une précision tout à fait convenable pour l'époque, si bien qu'on ne ressentait alors guère le besoin de changer de système du monde. Pour comprendre cela, examinons un instant la figure 1, qui présente la situation d'une planète externe (c'est-à-dire plus éloignée du Soleil que la Terre, dans le système héliocentrique ; le cas des planètes internes est encore différent). Nous y voyons deux cercles, le plus grand étant le « déférent » et le plus petit l'épicycle. Le centre du cercle épicycle tourne sur le cercle déférent avec une période qui est égale à celle de rotation de la planète autour du Soleil, dans le système héliocentrique. Par contre, la planète fait un tour du cercle épicycle en une année terrestre. Mais remarquez la position particulière de la Terre : au lieu de se trouver au centre du cercle déférent, elle se trouve décentrée. De plus, le centre M du cercle épicycle ne tourne pas à vitesse constante autour du centre du cercle déférent, mais il semble tourner de manière uniforme si on l'observe du Punctus Equans, situé à l'opposé de la Terre par rapport au centre du cercle déférent. Autrement dit, la vitesse angulaire de M par rapport au Punctus Equans est constante ; par contre, vu de la Terre, le point M se déplace plus vite lorsqu'il est au plus près de la Terre (périgée) que lorsqu'il est au plus loin (apogée). Cela ne vous rappelle-t-il rien ?

---

[12] C'est-à-dire qu'il présente le même aspect, dans quelque direction qu'on l'observe.

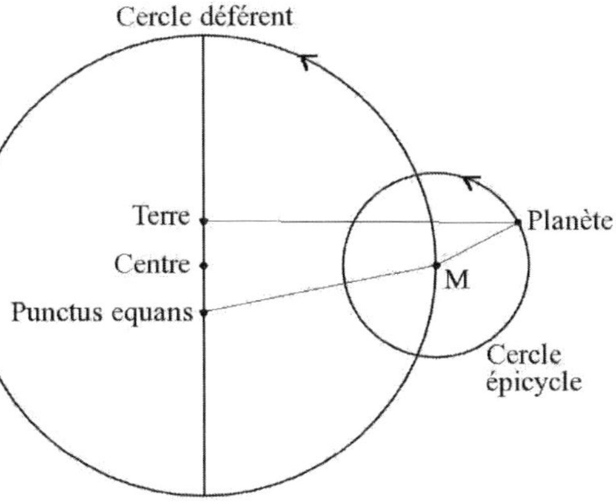

Figure 1. Combinaison des cercles déférent et épicycle permettant de reproduire, dans le système géocentrique de Ptolémée, le mouvement apparent d'une planète extérieure. Le cercle épicycle reflète l'orbite de la Terre (telle qu'elle est définie dans le système héliocentrique), tandis que le cercle déférent reflète l'orbite de la planète. Remarquez la situation décentrée de la Terre et le décentrement symétrique du Punctus Equans. Ce dernier définit le mouvement du point M sur le cercle déférent par la condition que la vitesse angulaire du point M par rapport au Punctus Equans est constante.

Simplicio : Voilà qui ressemble étrangement, ma foi, à la fameuse loi des aires de Kepler !

Salviati : En effet, car dans le système héliocentrique, la Terre serait remplacée par le Soleil, le cercle déférent par l'orbite de la planète et le cercle épicycle verrait son centre M déplacé sur le Soleil. Or on peut montrer que pour une excentricité modeste, l'ellipse ne s'éloigne guère d'un cercle, et la construction de Ptolémée se trouve être la meilleure approximation possible de l'ellipse keplérienne et de la loi des aires si l'on persiste à approximer l'ellipse par un cercle. Le détail de cette démonstration a été donné par Gaston Fischer[13]. On voit ainsi qu'hormis le choix héliocentrique, certes crucial, Ptolémée avait approché davantage la réalité physique que Copernic, car ce dernier ne conserva point l'idée du

[13] 2000, revue *Orion* vol. 298, p. 17.

Punctus Equans. Ce qui est tout à fait remarquable, c'est que le système de Copernic s'accordait en réalité moins bien aux observations que celui de Ptolémée, même si à l'égard de la position du Soleil, il était bel et bien plus « vrai ». Cette particularité déprimante fut soulignée par Arthur Koestler[14]; elle est liée au fait que Copernic était encore tributaire du dogme – ou du principe, selon la préférence du Signor Simplicio – du mouvement circulaire et uniforme, car la forme elliptique des orbites planétaires ne fut découverte que par Kepler.

Sagredo : Il est curieux, tout de même, qu'il ait fallu attendre tant de siècles pour qu'une idée déjà connue – puisqu'Aristarque de Samos l'avait déjà proposée – fasse à nouveau surface et finisse enfin par s'imposer. Même la pensée humaine n'échappe pas au *principe de moindre action* : si aucune impérieuse nécessité ne l'aiguillonne, elle se contente des acquis supposés de la tradition, aussi étrange et baroque soit-elle.

Salviati : Oui, et à quelle inertie de la pensée ne me heurtai-je pas, lorsque je combattis la physique d'Aristote en même temps que le système de Ptolémée ! Et plus cette inertie devenait sensible, plus elle me pesait, et plus mon ardeur s'enflammait à la vaincre. Ma conviction que le système de Copernic était juste fut si puissante et si impérieuse que, emporté par la passion, j'eus quelques propos un peu trop vifs au goût de mes puissants contradicteurs. Privée de diplomatie, la vérité tarde à triompher.

Sagredo : Pourtant nous-mêmes n'y étions pour rien; au contraire, vos arguments nous avaient conquis si parfaitement que nous avions fini par être entièrement acquis à votre cause et à celle de Copernic, même le Signor Simplicio qui tenait pourtant à la subtile physique d'Aristote comme à la prunelle de ses yeux et se satisfaisait fort bien du système de Ptolémée.

Simplicio : Certes, car il est de bonne guerre de n'admettre une nouveauté que contraint et forcé par l'évidence, autrement toute existence ne serait que branloire pérenne. Or l'esprit – en tout cas le mien – a bien besoin de stabilité pour philosopher à son aise. Cela dit, sans vouloir vous offenser, Signor Salviati, j'avais à l'époque d'excellentes raisons de préférer le

---

[14] 1960, « Les somnambules », Calmann-Lévy (traduction de l'ouvrage original : « The sleepwalkers ») ; en particulier sur le *punctus equans*, voir pp. 303-305.

système de Ptolémée à celui de Copernic (sinon la physique d'Aristote à la vôtre) puisque, comme vous l'évoquiez vous-même, il sauvait en réalité mieux les apparences ! Néanmoins les faits vous ont donné raison et je reconnais humblement la justesse de vos intuitions aussi bien que l'obscurité de mon esprit.

Salviati : Pourtant, mes idées ne furent point si lumineuses que certains hagiographes les présentèrent par la suite, dans le souci louable mais quelque peu partisan de peindre l'éternel combat de la Vérité contre l'obscurantisme : on m'éleva presque à la dignité d'un Saint-Michel terrassant, ô paradoxe, une église catholique romaine réduite au rôle de dragon ténébreux. A long terme, du moins, et avec l'aide du Jugement de l'Histoire ou ce que l'on a présenté comme tel, car à court terme ce fut plutôt moi qui fus terrassé. En effet, si j'avais d'excellentes raisons de penser que le système de Copernic fût vrai, si de puissants indices le favorisaient à mes yeux, comme les lunes de Jupiter et les phases de Vénus, il me manquait par contre cet argument ultime et définitif qui ferme la bouche des opposants et couronne l'argumentation d'une auréole permanente. Je crus le tenir, cet argument, dans le phénomène du flux et du reflux de la mer. Hélas il s'avéra fallacieux, puisque même en invoquant la physique de Newton il existerait encore des marées, si quelque démiurge s'avisait d'épingler la Terre pour la rendre immobile tout en forçant la Lune et le Soleil à tourner autour d'elle. Mes détracteurs s'emparèrent de l'argument pour le retourner contre moi, ce qui aboutit au procès que m'intenta la Sainte Inquisition. On a tant écrit sur cette lamentable affaire qu'il serait bien superflu d'y ajouter ici.

Sagredo : Hélas, l'histoire des idées montre que la précocité est bien mal récompensée : malheur à qui discerne la vérité trop tôt ! Bien avant vous, Signor Salviati, Aristarque[15] de Samos fut accusé d'impiété pour avoir osé mettre le Soleil au centre du monde en lieu et place de la Terre…

Salviati : La preuve ultime de l'héliocentrisme, donc, je ne l'ai jamais trouvée. Je n'avais ni les moyens techniques ni les notions nécessaires pour cela. Il fallut attendre d'abord que l'astronome danois Olaüs Römer[16]

---

[15] 310-230 av. J.-C.
[16] 1644-1710.

estime la vitesse de la lumière en utilisant une ingénieuse méthode basée sur l'observation des éclipses des lunes de Jupiter. Cela suppose déjà que l'on prît conscience que la vitesse de la lumière n'est pas infinie, notion point si naturelle à l'esprit qu'il n'y paraît pour nous. Il fallut attendre ensuite les exactes et patientes mesures de l'anglais James Bradley[17], troisième astronome royal, qui poursuivait le programme de détermination de positions très précises des étoiles initié par John Flamsteed[18], le premier astronome royal. L'espoir caressé par James Bradley, comme par bien d'autres, était de découvrir et de mesurer l'effet de parallaxe lié au mouvement de la Terre autour du Soleil.

Simplicio : Avant d'en venir à la preuve découverte par Bradley, permettez-moi d'ouvrir une parenthèse d'importance, qui explique mon scepticisme d'alors. En évoquant tout à l'heure la paresse de la pensée, Signor Sagredo, pour expliquer le retard du triomphe de la doctrine de Copernic, vous n'aviez qu'à moitié raison. Les choses ne sont pas si simples, car une observation très évidente et très manifeste semblait contredire la mobilité de la Terre. C'était l'immuabilité des cieux, ou plus précisément le fait que les constellations gardent leur forme tout au long de l'année. Si la Terre tournait autour du Soleil, raisonnaient des Anciens comme Hipparque[19] – un excellent et illustre observateur qui n'adopta pas le système héliocentrique – alors nous verrions les constellations sous des angles différents selon les mois de l'année. Les étoiles qui les forment étant situées à des distances variées, les plus proches d'entre elles au moins devraient sembler se balancer, osciller par rapport aux plus lointaines au gré du mouvement de l'observateur et donc de la Terre. En d'autres termes, la forme des constellations devrait changer au cours de l'année, pour redevenir semblable à leur premier aspect tous les douze mois…

Salviati : Mais ce que l'observation montrait, au contraire, c'est une parfaite constance de la position des astres au cours de l'année, du moins dans les limites de la précision des mesures alors accessibles, à savoir quelques minutes d'arc tout au plus. Or, même les mesures extrêmement

---

17 1693-1762.
18 1646-1719.
19 IIe siècle av. J.-C.

soignées du grand Tycho Brahé[20], les plus précises de toutes celles qui se firent à l'œil nu dans l'histoire de l'astronomie, ne montrèrent aucun effet de parallaxe annuelle, confortant ainsi la position des anti-coperniciens. Le seul moyen de sauver cette apparence-là était de supposer que les étoiles étaient prodigieusement éloignées, tant et si bien que les dimensions de l'orbite de la Terre seraient absolument dérisoires en comparaison de la distance des étoiles même les plus proches. Ce postulat avait la fâcheuse apparence d'un argument « ad hoc » forgé tout exprès dans le but de contrer une objection fatale.
Néanmoins, si l'on admettait avec Giordano Bruno[21] que les étoiles sont autant d'autres soleils, alors il fallait aussi admettre leur considérable distance, dont Christiaan Huygens[22] et Loys de Cheseaux[23] estimèrent assez convenablement l'ordre de grandeur à partir de leur éclat apparent, en supposant leur éclat intrinsèque égal à celui du Soleil.

Sagredo : Rendons hommage ici au Signor Giordano Bruno, dont l'intuition de la pluralité des mondes revêtait déjà un caractère très moderne. Lui avait parfaitement compris ce qui paraît tout naturel aux astronomes d'aujourd'hui, si ce n'est au vulgaire qui peine encore, parfois, à discerner entre étoile et planète, système solaire et galaxie.

Salviati : Revenons maintenant à Bradley et à ses mesures de positions stellaires. Il cherchait, nous l'avons dit, l'effet de parallaxe lié au mouvement annuel de la Terre autour du Soleil. Pour cela, il fit des relevés extrêmement précis de positions stellaires, avec une longue lunette verticale qu'il pouvait orienter avec grande précision au voisinage du zénith. Mais, comme il arrive parfois en sciences, il trouva un phénomène qu'il ne cherchait point. Il trouva que la position d'une étoile variait effectivement au cours de l'année, mais pas dans la direction attendue ! L'écart de position pointait en direction du mouvement de la Terre sur son orbite (je parle ici dans le contexte héliocentrique, naturellement), alors que dans le cas de l'effet parallactique il eût pointé dans une direction perpendiculaire, vers le Soleil. De plus, l'amplitude de l'écart observé

---

[20] 1546-1601.
[21] 1548-1600.
[22] 1629-1695.
[23] 1718-1751.

s'avérait complètement identique d'une étoile à l'autre, alors que l'effet de parallaxe doit évidemment dépendre de la distance de l'astre : plus celui-ci est lointain, moindre est l'effet. Bradley observa aussi qu'une étoile située au pôle de l'écliptique (donc dans une direction perpendiculaire au plan de l'orbite terrestre) semblait décrire sur le ciel, au cours d'une année, un cercle de 20,6 secondes d'arc de rayon, tandis qu'une étoiles située à une latitude écliptique intermédiaire décrivait une ellipse d'autant plus aplatie que la latitude est basse, pour se confondre en un segment de 41,2 secondes d'arc (le double du rayon du cercle) dans le cas des étoiles situées sur l'écliptique. Ce mouvement apparent, que Bradley nomma « aberration », était donc bien lié au mouvement réel de la Terre, il était causé par lui.

Sagredo : Mais comment expliquer ce prodige? Ah ! Ranimez notre mémoire, car voici justement le sceau que devait apposer Uranie sur la doctrine héliocentrique.

Salviati : La réponse réside dans la vitesse finie de la lumière, vitesse qu'Olaüs Römer avait justement déterminée au siècle précédent. Pour la comprendre, imaginons que nous définissions la direction du rayon lumineux issu de l'étoile en le faisant passer par deux trous successifs. Un trou figure l'objectif de la lunette, tourné vers le ciel, tandis que l'autre figure l'oculaire, proche de l'observateur (figure 2). Imaginons maintenant la lumière se propageant tranquillement dans l'espace avec sa vitesse d'une constance olympienne : elle traverse d'abord le premier trou et, en un temps très court mais non instantanément, la voilà qui traverse le second trou, placé très exactement de manière à être aligné avec l'étoile, de sorte que le passage se fait sans obstacle. Tant que les deux trous restent immobiles, tout va bien, l'œil de l'observateur reçoit la lumière et peut alors mesurer la direction exacte de l'étoile. Mais voilà que la Terre se déplace : si la lunette gardait l'orientation qui correspond à la direction réelle de l'étoile, la lumière, ayant traversé le premier trou, tomberait ensuite sur un obstacle, car le second trou se serait déplacé très légèrement mais de manière quand même sensible, pendant le temps que la lumière met à parcourir la longueur de l'instrument. Le seul recours qu'à l'observateur de maintenir l'astre dans l'axe de sa lunette est alors d'incliner celle-ci de l'angle nécessaire à « rattraper » la lumière qui autrement se perdrait sur la paroi du tube.

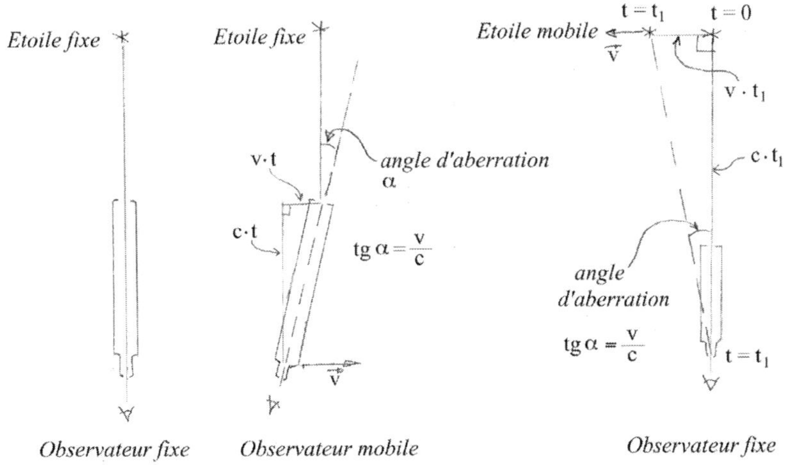

Figure 2. Phénomène de l'aberration de la lumière. Si l'étoile et l'observateur sont tous deux au repos (ou partagent le même mouvement rectiligne et uniforme), la direction apparente de l'étoile se confond avec la direction vraie. Si l'observateur se meut à une vitesse perpendiculaire à la direction vraie de l'étoile, la vitesse finie de la lumière lui impose d'incliner légèrement sa lunette dans la direction du mouvement d'un angle α ; c'est typiquement la situation de la Terre qui se meut autour du Soleil à sa vitesse orbitale de 30 km/s. Si l'on considère l'observateur comme fixe et l'étoile comme mobile, on interprète l'angle d'aberration comme celui qui sépare la direction de l'étoile à l'instant $t = 0$ où elle a émis la lumière observée au temps $t = t_1$, de la direction réelle de l'étoile au temps $t = t_1$, c'est-à-dire après le temps de propagation de la lumière jusqu'à l'observateur. Cette interprétation n'a de sens que si étoile et observateur sont chacun liés à un référentiel d'inertie, c'est-à-dire se déplaçant à vitesse rectiligne et uniforme.

Simplicio : Donc, si je vous suis bien, l'observateur devra incliner d'autant plus sa lunette qu'il se déplacera rapidement ?

Salviati : Voilà qui est exact : l'angle d'aberration est manifestement une fonction très simple, pour une étoile située au pôle de l'écliptique, de la vitesse de la Terre et de la vitesse de la lumière : on voit que la tangente de cet angle est le rapport de ces vitesses respectives. Or la vitesse de la Terre peut être obtenue de manière indépendante pour autant que l'on connaisse l'échelle absolue du système solaire, c'est-à-dire la dimension exacte de l'orbite terrestre. C'est là une connaissance qui ne fut acquise qu'à partir de la seconde moitié du XVIIe siècle par l'observation de la parallaxe de la

planète Mars et du XVIIIe siècle par l'observation des transits de Vénus devant le Soleil, mais c'est encore une autre histoire. L'observation de l'angle d'aberration permet ainsi une estimation de la vitesse de la lumière indépendante de celle donnée par Römer.
Voilà donc la preuve du mouvement de la Terre qui me manquait. Quelqu'un aurait pu l'imaginer et la prédire, mais je n'eus pas cette inspiration, ni personne d'autre à ma connaissance. Cette fois, il fallait bien se rendre à l'évidence.

Simplicio : …ou bien maintenir que l'univers entier oscillât autour de notre globe avec la période d'une année sidérale, pourquoi non? En effet, l'aberration n'est-elle point un phénomène symétrique, puisqu'elle dépend de la vitesse relative ? Il m'est bien désagréable d'apprendre que nous ne voyons pas les étoiles à la place qu'elles occupent réellement. Heureusement, l'aberration est trop petite pour être vue à l'œil nu, mais le principe même a quelque chose de profondément gênant. Ne pouvons-nous donc nous fier entièrement à nos sens ? Même si cette idée d'une oscillation universelle paraît quelque peu facétieuse, au fait, qu'en savez-vous ? si moi j'estimais vraisemblable qu'en effet tout l'univers oscillât de la sorte, afin de sauver les apparences tout en gardant la Terre fixe, sauriez-vous vraiment me convaincre du contraire ?

Sagredo : Allons donc, Signor Simplicio, trêve de divagations ! Ce n'est pas le moment de soulever de si naïves questions, alors que nous célébrons et savourons le triomphe de notre ami qui le mérite bien, après tant de frayeurs et de tribulations.

Salviati : Il n'est point de question qu'une raison dûment éclairée ne puisse considérer, Signor Sagredo. Comme il est dit dans certains ouvrages de vulgarisation d'astronomie du milieu du XXe siècle, cette science est une école de patience et de persévérance. Si de telles qualités sont requises pour construire des instruments et observer, elles le sont aussi pour argumenter. Mais votre question, Signor Simplicio, me servira de tremplin pour ajouter preuve sur preuve, et consolider ainsi la doctrine copernicienne qu'elle tentait d'affaiblir.
Tout d'abord, pour répondre à votre question sur la fidélité de nos sens, il est vrai que ceux-ci ne peuvent être fidèles à la perfection pour la bonne

raison qu'ils sont nécessairement limités par les lois de la nature : songez à l'éclair que vous voyez zébrer le ciel un instant, alors que le tonnerre qu'il provoque n'atteint vos oreilles que plus tard, avec un délai qui peut bien atteindre plusieurs secondes. Cela est lié à la vitesse limitée du son, beaucoup plus lent que la lumière, et votre oreille n'y peut mais. Il en va de même pour la vue, qui est trompée, dans le phénomène d'aberration, par la vitesse non infinie de la lumière.

Simplicio : Je reconnais bien là les limites de nos sens comme celles de l'humaine condition.

Salviati : Venons-en à votre intuition d'univers oscillant. S'il est vrai qu'une réflexion superficielle pourrait laisser croire que l'aberration de la lumière est parfaitement symétrique puisqu'elle est toujours présentée comme ne dépendant que de la vitesse relative de l'astre et de l'observateur, il ne faut pas oublier qu'on suppose toujours que l'observateur, aussi bien que l'étoile, est lié à un référentiel d'inertie et qu'il se déplace donc à vitesse uniforme. Négliger ce détail d'importance conduirait à d'étranges conséquences. Songez par exemple à une étoile double suffisamment éloignée pour que, même avec un puissant télescope, on ne puisse en distinguer les deux composantes et que seul un point lumineux soit donc visible. C'est ce qu'on appelle une étoile binaire spectroscopique, car seul un examen attentif des raies spectrales permet d'en découvrir la nature binaire, grâce à l'effet Doppler-Fizeau[24]. Or, si les deux composantes ont une masse comparable et une orbite circulaire, ce qui arrive souvent, elles auront à chaque instant des vitesses orbitales de même valeur mais de sens opposé, car chacune tourne autour du centre de gravité du système. Ainsi, aux yeux de l'observateur, une composante devrait donner lieu à un angle d'aberration dans un sens, tandis que l'autre

---

[24] Effet selon lequel la fréquence du rayonnement perçu par l'observateur dépend de la vitesse de la source projetée le long le la ligne de visée (on parle de vitesse radiale pour cette composante de la vitesse) : si la source s'éloigne, la fréquence observée est plus basse que la fréquence d'émission, tandis que si elle s'approche, la fréquence est plus élevée. Pour les vitesses stellaires typiques (quelques dizaines de km/s), cela se traduit par un très léger décalage des raies spectrales, respectivement vers le rouge et vers le bleu. Mais la vitesse radiale d'oscillation des étoiles entourées de planètes, qui permet justement la détection de celles-ci, est minuscule car elle se compte au plus en dizaines de mètres par seconde, et souvent en mètres par seconde.

donnerait lieu à un angle d'aberration de même valeur mais dans le sens opposé ! Et comme la vitesse orbitale peut fort bien atteindre 100 km/s ou plus, on verrait une étoile double avec une séparation de deux minutes d'arc au moins, ce qui serait totalement incohérent avec les résultats spectroscopiques !

Simplicio : Voilà qui serait bien le comble des tromperies de nos sens. Et pourtant, nous ne voyons point de situation aussi baroque. Comment cela se fait-il ?

Salviati : Veuillez contempler la figure 2. Sur le panneau de gauche est montrée la situation triviale où astre et observateur sont fixes, ou partagent le même mouvement, ce qui revient au même. Dans ce cas la direction apparente de l'étoile se confond avec la direction vraie. Sur le panneau du milieu est montrée la situation d'un astre fixe et d'un observateur mobile, en supposant un instant que cela ait un sens, ce qui n'est toutefois pas tout à fait vrai en relativité restreinte, cadre dans lequel on traite généralement ce problème. C'est la situation habituellement montrée dans les livres et que j'expliquai précédemment. Sur le panneau de droite figure le cas d'une étoile mobile et d'un observateur fixe : ici, l'interprétation intuitive de l'angle d'aberration est un peu différente. En effet, l'onde lumineuse quitte l'étoile à l'instant $t = 0$ et se propage vers l'observateur, gardant la mémoire de la position de l'étoile à cet instant. Mais durant le temps de propagation t_1, l'étoile se sera déplacée d'une distance $x = v \cdot t_1$, où v est la vitesse de l'étoile. On retrouve alors l'angle d'aberration comme étant le rapport x/d, où $d = c \cdot t_1$ est la distance entre l'étoile et l'observateur, si l'on exprime cet angle en radians et le supposons suffisamment petit pour que l'angle et sa tangente puissent être considérés comme confondus. Ainsi l'angle d'aberration est-il toujours défini de manière générale comme celui qui sépare la direction « apparente » de la direction « réelle » de l'étoile, mais ici la direction « apparente » est simplement celle de l'étoile lorsqu'elle a émis la lumière qui arrive présentement à l'observateur, tandis que la direction « réelle » est celle de l'étoile à l'instant présent.

Simplicio : Si je comprends bien, on trouve une situation analogue quand, levant les yeux vers le ciel afin d'éclaircir l'origine d'un vrombissement subit, nous nous irritons contre notre regard bredouille et sommes contraints de diriger ce dernier en avant du bruit, pour enfin découvrir à l'horizon le véloce aéroplane de chasse qui menace notre ouïe. La lumière se propageant à une vitesse infiniment plus rapide que le son, nos yeux perçoivent pratiquement la position présente et vraie de l'avion, tandis que nos oreilles nous signalent la position de l'appareil telle qu'elle était lorsque le son l'a quitté, il y a de cela une seconde ou deux. Et si notre aéroplane décrit des cercles, notre ouïe percevra des cercles de même que notre vue, si ce n'est qu'elle situera l'avion sur ceux-ci à la place qu'il y occupa un instant avant, c'est-à-dire avec un retard correspondant au temps de propagation du son ; la lumière est en effet si véloce que son temps de propagation s'avère ici négligeable devant celui du son.

Salviati : Voilà qui est absolument exact. Dans la réalité, les deux situations – celle de l'observateur mobile et celle de la source mobile – sont entremêlées, mais l'effet global peut néanmoins être décomposé pour y voir plus clair.
Revenons alors à notre étoile binaire. Tout d'abord, son centre de gravité est animé d'une vitesse que je suppose uniforme relativement au Soleil, cet objet circulant dans la Galaxie tout comme notre astre du jour. Cela donne lieu à un angle d'aberration constant, que nous ignorons donc ; là, nul besoin de connaître si l'on est dans la situation montrée sur le panneau central de la figure 2 ou sur le panneau de droite et l'on peut s'affranchir de toute notion d'espace absolu, de sorte que seule compte la vitesse relative. Ensuite, chacune des composantes de l'étoile double se déplace sur son orbite respective : pour un observateur qui serait situé sur le Soleil, on est dans le cas où la position observée de chaque composante correspond à l'instant où la lumière a été émise. Mais comme le mouvement n'est pas rectiligne, l'aberration se réduit simplement à ce retard temporel, sans affecter par ailleurs la position relative des deux composantes, si ce n'est qu'elles se trouvent à une autre position sur leur orbite qu'à l'instant de l'observation. Cela est donc sans importance : si on détermine l'orbite à partir des observations, on obtient simplement les paramètres orbitaux tels qu'ils étaient au moment de l'émission de la lumière.

Sagredo : Reste le mouvement de l'observateur, qui est celui de la Terre : on est dans le cas du panneau central de la figure 2, et les deux composantes de l'étoile binaire sont affectées du même angle d'aberration.

Salviati : Parfaitement. Et voilà pourquoi le phénomène de l'aberration de la lumière ne peut être qualifié de symétrique en toute circonstance ! Il l'est à coup sûr tant que l'étoile et l'observateur appartiennent chacun à un système d'inertie. Mais la symétrie est levée sitôt que l'un ou l'autre se trouve dans un système *accéléré :* l'étoile appartenant à un système double est accélérée, puisque la direction de sa vitesse change. Chacun se rend bien compte qu'au cours d'un voyage en voiture, il peut fort bien oublier qu'il bouge tant que la route est parfaitement droite, surtout s'il ferme les yeux ; mais dès qu'un virage est négocié, la force centrifuge rappelle à notre somnolant la réalité de son mouvement, même si le compteur affiche une vélocité imperturbablement constante. Si donc l'étoile est accélérée, seul un retard temporel distingue ce qu'en voit l'observateur de ce qu'elle est *présentement*, c'est-à-dire de ce que verrait l'observateur si la lumière se propageait à vitesse infinie. Inversement, si l'étoile est attachée à un système inertiel mais l'observateur à un système accéléré, comme notre Terre qui tourne autour du Soleil, alors on se trouve dans le cas du panneau central de la figure 2, et l'observateur voit l'étoile décrire au long de l'année une petite ellipse autour de sa position moyenne, qui est une sorte de reflet de l'orbite terrestre.

Simplicio : Qu'advient-il alors de mon idée, pourtant fort subtile, d'un univers oscillant ?

Salviati : Eh bien ! Imaginons à présent l'étrange univers qui à première vue, eût pu sauver les apparences : une Terre fixe, et tout le reste de l'univers tournant, comme un corps solide, autour d'elle, chaque astre décrivant un cercle de rayon égal à celui de l'orbite terrestre[25]. Comme on est, pour chaque étoile, dans un cas semblable à celui de l'étoile binaire que je viens d'exposer (si ce n'est qu'il n'y a qu'une composante), le modèle ne marche pas : on verra les étoiles les plus proches décrire de petites ellipses de moins d'une seconde d'arc, et surtout, les étoiles les plus lointaines ne montreront aucune oscillation sensible. Pour sauver les apparences, il faudrait que l'univers n'oscille pas comme un bloc, mais que chaque astre oscille sur un cercle de rayon non seulement bien plus grand, mais aussi proportionnel à sa distance, afin de présenter toujours à l'observateur

---

[25] En admettant que l'orbite terrestre soit circulaire, pour simplifier l'explication.

terrestre l'amplitude angulaire de 20 secondes d'arc qui est observée en réalité. Et à cause du temps de propagation de la lumière, il faudrait de plus que la *phase* de l'oscillation[26] soit ajustée correctement à chaque distance, afin que les étoiles angulairement voisines sur la voûte céleste, mais proches ou éloignées, paraissent osciller de concert. Cela fait beaucoup de contraintes et l'on aboutit à un modèle encore plus compliqué et moins élégant que celui de Ptolémée.

Sagredo : Et ce n'est pas tout, car une contrainte supplémentaire, encore inconnue de Bradley, rend une telle construction absolument intenable.

Simplicio : Hélas ! Alors que déjà mon bel édifice chancelle sous les coups de vos arguments, à quel hallali dois-je encore me préparer ?

Salviati : Après Bradley et sa découverte de l'aberration, vint en effet Friedrich Bessell[27] et la découverte de la parallaxe. L'aberration seule aurait suffi à asseoir la doctrine de Copernic pour jamais, pourtant il manquait encore une réponse quantitative et finale à l'objection basée sur l'immuabilité des constellations, autrement dit sur l'absence de tout effet sensible de parallaxe. Il fallut attendre le XIXe siècle pour la trouver, en 1838, sur l'étoile 61 du Cygne. Pour cette étoile, l'angle de parallaxe n'était qu'un peu moins d'une moitié de seconde d'arc ! cet angle est celui sous-tendu par le rayon de l'orbite terrestre vu de l'étoile en question, qui est distante d'environ 11 années-lumière. L'année d'après, de l'observatoire du Cap, Thomas Henderson fit le même genre de mesure pour alpha Centauri et trouva un peu moins d'une seconde d'arc : cette étoile brillante serait la plus proche connue de nous, n'était une toute petite étoile voisine et probablement liée physiquement à la première, et que l'on appela Proxima Centauri pour souligner sa prééminence – d'ailleurs marginale – en matière de proximité. Il était donc manifeste, désormais, que plus aucune objection ne pouvait tenir à l'encontre du système copernicien et que c'est bien le Soleil et non la Terre qui est central.
De plus, et j'allais l'oublier, le pendule du Signor Léon Foucault[28] prouva, au milieu du XIXe siècle, de façon définitive et absolue la rotation de la

26 C'est-à-dire, ici, la position de l'étoile sur son parcours circulaire en un instant donné.
27 1784-1846.
28 1819-1868.

Terre, et cela d'une manière si tangible que le plus illettré du vulgaire pût en être entièrement convaincu.

Sagredo : Voilà qui paraît imparable. Mais prenez garde, Signor Salviati, que par excès de complaisance et de foi en la raison humaine, vous ne perdiez trop de temps à vouloir répondre aux arguties des partisans de l'obscurantisme ! Il n'est que trop évident que l'idée saugrenue d'un univers qui oscillerait autour d'une Terre fixe, en plus de son incapacité géométrique à sauver vraiment les apparences, nécessiterait de bouleverser toute la dynamique établie par vous-même et par le Signor Newton, et réduirait à néant la science tout entière ! Cela me rappelle une anecdote citée par le Signor Hawking dans son livre « Une brève histoire du temps »[29] : alors qu'à l'occasion d'une conférence destinée au grand public, un savant avait décrit le système solaire ainsi que la Galaxie dans laquelle il se meut, une dame intervint en disant que tout son exposé était faux car en réalité, disait-elle, le monde est plat et posé sur le dos d'une tortue géante. Il devient difficile, en de telles conditions, de dialoguer sérieusement.

Salviati : Soit. Relevons votre allusion à la Galaxie, car nous voilà déjà en train de dépasser Copernic : l'audacieuse théorie de Newton s'est révélée parfaitement générale, puisqu'elle a pu s'appliquer non seulement à notre système solaire, mais aussi aux étoiles doubles qui, comme le montra William Herschel[30], tournent l'une autour de l'autre sur des orbes elliptiques. Ainsi, c'est une chose que d'avoir prouvé le système héliocentrique, mais les astronomes n'en sont pas restés là. De la place centrale qu'elle occupait jadis aux yeux de ses habitants, la Terre a d'abord été reléguée au statut de simple planète parmi d'autres, dont certaines beaucoup plus grosses qu'elle. Puis le Soleil lui-même, qui fut adoré comme un dieu par maintes civilisations, même jusqu'à la Renaissance par les Incas et les Aztèques, s'est vu détrôné et réduit au statut d'un membre insignifiant de notre Galaxie, parmi cent ou deux cent milliards d'autres membres qui soit lui ressemblent, soit lui sont supérieurs ou inférieurs en taille et en masse. De même que les planètes ne sont que des satellites du

---

[29] En livre de poche : J'ai lu, 2000.

[30] 1738-1822. Il découvrit la planète Uranus en 1781 et mesura des étoiles doubles. Son fils John en mesura davantage encore.

Soleil, de même notre Soleil n'est qu'un satellite, si l'on peut dire, du bulbe de notre Galaxie, lui même constitué de milliards d'étoiles.

Sagredo : Et comme pour ajouter à notre humiliation, le cortège de planètes qui accompagne notre Soleil n'a rien d'exceptionnel, contrairement à ce que croyait le Signor James Jeans[31] au début du XXe siècle : les systèmes planétaires ne sont pas le résultat d'exceptionnelles et rarissimes rencontres stellaires, où une étoile arracherait en passant, par l'effet de sa force de gravité, un peu de matière à l'autre étoile et lui engendrerait ainsi un cortège de planètes. Ces systèmes sont formés de concert avec l'étoile, ils lui sont consubstantiels, et on en trouve depuis 1995[32] autour de plusieurs pourcents des étoiles qui ressemblent à notre Soleil. Si la plupart de ces systèmes extrasolaires ne semblent, jusqu'à présent, constitués que d'une grosse planète unique, c'est que nos instruments n'ont pas encore la sensibilité requise pour détecter des planètes aussi petites que la Terre.

Salviati : Il est vrai. Nombreux sont les systèmes planétaires présents dans notre seule Galaxie, qui doit en abriter plusieurs milliards, au bas mot.

Simplicio : En êtes-vous bien sûr ? Après tout, rarissimes sont les planètes extrasolaires dont on prétend avoir obtenu une image directe, au prix de pénibles acrobaties instrumentales, et encore suppute-t-on qu'elles auraient chacune plusieurs fois la masse de Jupiter. De pareils obèses sont disqualifiés quant à une quelconque possibilité d'abriter la vie, et me font davantage penser à de petites étoiles qu'à de grosses planètes. Et personne n'a jamais vu ces exoplanètes de taille décente – ces autres Jupiter, Saturne, Neptune ou même « super-Terre » – autour desquelles tant d'excitation bourgeonne ! N'a-t-on pas objecté que les oscillations des raies spectrales de l'étoile, censées trahir la présence d'une planète, eussent pu être causées par des mouvements dans l'atmosphère de l'étoile elle-même, plutôt que par la présence d'un corps obscur tournant autour d'elle ?[33]

---

[31] 1877-1946.

[32] M. Mayor & D. Queloz, 1995, *Nature* Vol. 378, p. 355 (découverte de la première planète extrasolaire).

[33] D. F. Gray, 1997, *Nature* Vol. 385, p. 795.

Salviati : Certes, mais ces objections, au demeurant fort mal étayées, furent bien vite balayées par l'observation d'un événement providentiel mais prévisible : dans certains de ces systèmes, le plan de l'orbite contient la ligne de vue, c'est-à-dire que pour l'observateur, la planète passe tantôt devant, tantôt derrière son étoile. On ne peut voir la planète directement parce que son éclat est des milliards de fois plus faible que celle de l'étoile (dans les ondes visibles), et elle est angulairement si proche de son soleil que le plus gros télescope ne pourrait l'en distinguer, même si elle était beaucoup plus brillante. Par contre, l'éclat de l'étoile semble diminuer légèrement lorsque la planète passe devant elle : pendant une heure ou deux, l'éclat baisse d'un pour cent ou deux, puis reprend sa valeur précédente aussitôt que cesse cette sorte d'éclipse partielle. La périodicité de ce phénomène est la même que celle de l'oscillation des raies spectrales de l'étoile, oscillations liées au mouvement de celle-ci autour du centre de gravité du système et à l'effet Doppler-Fizeau.

Simplicio : Une si faible baisse d'intensité ne m'émeut guère : ne pourrait-elle être causée par quelque tache sombre apparaissant sur l'hémisphère visible de l'étoile, au gré de la rotation de celle-ci ? Et du coup, l'effet Doppler observé ne pourrait-il être attribué, lui aussi, à la présence et au mouvement de la dite tache intruse ?

Salviati : Certes non, car certains de ces systèmes où la planète passe périodiquement devant son étoile ont pu être observés dans l'infrarouge lointain grâce au satellite américain Spitzer : à la longueur d'onde de seize micromètres, l'étoile est beaucoup moins brillante qu'aux longueurs d'onde visibles, alors que la planète géante, dont la température dépasse mille degrés, émet un rayonnement relativement faible mais détectable. Ainsi ce télescope spatial est-il capable de détecter la petite chute d'éclat du système non seulement quand la planète passe devant l'étoile, mais aussi lorsqu'elle s'éclipse derrière![34] On ne peut que s'incliner devant si merveilleux résultat, et y reconnaître la preuve définitive et sans équivoque de l'existence de corps planétaires orbitant autour d'autres étoiles que le Soleil. Sans aucun doute, les quelque quatre cents planètes extrasolaires découvertes jusqu'ici ne sont donc pas des fantômes mais bel et bien des planètes, dont la

---

[34] D. Deming *et al.*, 2006, *Astrophysical Journal* Vol. 644, p. 560.

plupart doivent ressembler un peu à Jupiter ou à Saturne bien qu'elles soient souvent beaucoup plus chaudes. Quant aux autres, elles s'avèrent aussi petites que Neptune, la moins grosse des planètes géantes de notre système solaire, ou font même partie de la catégorie des planètes rocheuses, ayant la masse de deux à cinq fois celle de la Terre seulement. Et nous sommes sur le point de dénicher des planètes pas plus grosses que notre Terre, grâce aux transits que détecteront les satellites Corot et Kepler.

Sagredo : Juste retour des choses ! C'est précisément Jupiter et ses satellites, que vous découvrîtes, qui fortifièrent votre foi en l'héliocentrisme car ils ressemblaient au système solaire, les satellites étant à Jupiter ce que les planètes sont au Soleil. Ce sont maintenant d'autres Jupiters, bien plus lointains, qui confirment la banalité de notre système solaire, étant eux-mêmes satellites de leurs étoiles respectives.

Salviati : Mais l'histoire ne s'arrête pas là ! Considérez notre Galaxie, cet « univers-île » comme disait déjà le Signor Kant[35] : cet ensemble de plus d'une centaine de milliards d'étoiles n'est pas unique, loin de là ! Même à l'œil nu, nous autres terriens sommes capables de voir trois autres galaxies : les deux Nuages de Magellan, qui sont beaucoup plus petits que notre Galaxie, et même la grande galaxie spirale d'Andromède, qui y ressemble bien davantage. C'est seulement au cours des années 1920 que le Signor Edwin Hubble a pu résoudre cette galaxie en étoiles à l'aide du télescope le plus puissant de l'époque (un instrument de 2,50 m de diamètre) et prouver de manière définitive qu'il s'agit bien d'un objet très lointain, extérieur à notre Galaxie et de taille comparable.
Or actuellement, les galaxies se comptent par milliards d'après les clichés pris jusqu'ici. Et chacune contient de nombreux milliards de soleils…

Simplicio : Voilà qui montre et célèbre la grandeur du Créateur, qui seul peut être l'auteur d'une si grandiose magnificence !

---

35 1724-1804. Emmanuel Kant avait déjà compris que certaines « nébuleuses » pouvaient être en réalité des galaxies semblables à notre Voie Lactée.

Sagredo : Ou qui montre simplement l'infinie richesse de la Nature, qui est assez grande pour s'organiser toute seule selon des principes immuables, éternels et tout-puissants.

Salviati : Quoi qu'il en soit, mes amis, la fantastique immensité de l'univers tel qu'il s'offre aujourd'hui à nos yeux eût réjoui Copernic lui-même, ses disciples et surtout ses prédécesseurs, comme Aristarque de Samos. Mais dites-moi, cette immensité même rend plus brûlante encore une interrogation millénaire, celle-là même que nous évoquions au début de cette journée : n'y a-t-il pas quelque part une autre humanité, ou plutôt d'autres humanités qui comme nous, s'interrogent sur la pluralité des mondes habités ?

Deuxième journée : Un problème bien posé…

Sagredo : J'ai passé une délicieuse soirée hier en rapportant nos réflexions à Madame la Marquise, qui se réjouit fort d'entendre conter la suite de nos pérégrinations philosophiques. Mais si j'ai hâte de satisfaire son impatience toute féminine, je brûle moi-même plus encore d'explorer l'espace des idées dont la majesté le dispute à celle de l'espace physique qui s'offre à nos yeux de chair. Les yeux de l'esprit sont non moins perçants et peuvent même voir plus loin et plus haut, puisque les théories élaborées par ceux-ci donnent sens à ce que perçoivent nos yeux proprement dits. Toutefois, les yeux de l'intelligence peuvent être, comme les autres voire davantage encore, victimes de mirages que seule est capable de dissiper une méthode prudente, honnête et scrupuleuse dans le maniement de la raison.
Ainsi, nous voilà aujourd'hui armés d'arguments non seulement puissants, mais encore définitifs en faveur du système de Copernic. Forts de ceux-ci, nous nous proposons de reprendre sur ces solides bases la question que moi-même et d'autres avons déjà évoquée il y a quelques siècles, à savoir : notre monde serait-il unique porteur de vie, ou celle-ci au contraire a-t-elle étendu son règne au cosmos entier, de sorte qu'il n'y aurait de scintillement astral qui ne serait quelque clin d'œil de la vie universelle ? Signor Salviati, à vous l'honneur de présenter le premier votre point de vue, vos arguments et votre jugement, puisque l'Histoire elle-même vous en confère le mérite et l'autorité. C'est avec avidité que nous nous tenons suspendus à vos lèvres, en même temps qu'avec humilité et respect.

Salviati : Soit, Signor Sagredo, bien que je ne sois pas sûr de mériter des égards si considérables qu'ils ne sont pas loin de confiner au piège de la flatterie. La Nature elle-même a plus d'un tour dans son sac et traite le chercheur avec moins de rondeur, quand il s'agit de lui signifier éventuellement l'échec de ses constructions intellectuelles, si vaillantes soient-elles. Si l'humilité vous prend, qu'elle s'exerce plutôt à l'égard de la

Nature, car même le plus clairvoyant des hommes de science, ou le plus expérimenté, reste capable d'égarement.

Simplicio : C'est la sagesse même qui s'exprime là ! Poursuivez donc, afin de l'honorer plus avant et de nous en transmettre les bénédictions.

Salviati : C'est avec plaisir, néanmoins, que j'accède à votre requête, puisque je vous ai tous deux réunis pour cela.
Partons donc de ce que nous échangeâmes hier : Copernic était dans le vrai, la Terre n'est point immobile mais tourne autour du Soleil. Or, le Soleil lui-même se meut à majestueuse lenteur, mais se meut tout de même autour du centre de notre Galaxie. De plus, il n'est pas unique mais frère de quelque cent milliards d'autres, certains plus vieux, d'autres plus jeunes. D'autres de ses frères ont leur propre cortège de planètes. Mais à plus grande échelle, voici que notre Galaxie est bien loin d'être seule dans l'univers : comme le Soleil a des frères en son immense sein, ainsi elle-même a des sœurs au sein d'une petite famille que l'on appelle le Groupe Local. Plus loin, d'autres groupes existent aussi, et certains comprennent des centaines de galaxies. L'univers qui est accessible à nos télescopes recèle ainsi des milliards de galaxies, chacune comportant typiquement quelques dizaines, ou centaines de milliards d'étoiles.

Sagredo : Au vu de cela, qui prétendrait encore faire accroire que notre petite Terre occupe une place privilégiée dans l'univers, et que celui-ci existe tout exprès pour le seul agrément de l'espèce humaine perdue sur ce grain de sable que nous appelons encore – ô dérision ! – le Monde ?

Salviati : Non, notre Terre n'a pas de statut privilégié, et c'est là ce que les astronomes appellent justement le principe copernicien. D'autres le nomment de manière plus abrupte « principe de banalité », un terme on ne peut plus explicite. Les sciences naturelles sont amies des principes dont la généralité est immense, voire absolue. Ainsi la physique connaît le principe de la conservation de l'énergie. La cosmologie repose largement sur le principe dit cosmologique, selon lequel notre univers est homogène et isotrope à très grande échelle : la plupart des modèles d'univers actuels s'y conforment, même si quelques uns prétendent y échapper au moins partiellement. Le principe copernicien est aussi l'un des piliers de la cosmologie.

Or, si le principe copernicien est universel, son règne doit nécessairement et logiquement s'étendre non seulement à la Terre, mais aussi à tout ce qu'elle contient. Et, comme l'humanité en a pris conscience de manière particulièrement aiguë il y a une quarantaine d'années avec les vols vers la Lune, la Terre est comme un vaisseau spatial qui abrite la vie et tout ce qui lui est nécessaire : la planète bleue, notre patrie, est bien petite et bien limitée, de sorte qu'il nous faut la préserver comme la prunelle de nos yeux. Le principe copernicien doit donc s'appliquer à la vie. Mais le règne vivant comprend l'homme évidemment : donc les nécessités de la raison nous conduisent infailliblement à étendre le principe de banalité, non seulement à notre merveilleux support matériel qu'est la Terre, mais aussi à l'humanité, et donc à nous-mêmes ! Jamais, dans l'histoire de l'homme, cette évidence ne s'est imposée avec autant de puissance ni avec autant d'éclat.

Simplicio : Voilà une perspective qui n'est guère de mon goût ! Qu'il y ait des individus banals je n'en doute guère, mais des représentants aussi éminents de l'humanité qu'Aristote ou Newton, je répugne à ne voir en eux que de fugitives étincelles insignifiantes au regard du cosmos. Pour moi, ils sont au contraire des astres brillant à jamais au firmament de l'esprit.

Sagredo : Pour vous certes, Signor Simplicio, et pour moi aussi, encore que la grandeur d'Aristote ait quelque peu décru à nos yeux déjà lors de notre premier dialogue. Mais qui sont-ils, ces grands personnages de notre histoire, aux yeux des êtres qui peuplent quelque planète lointaine, et qui vénèrent eux-mêmes leurs propres savants et pionniers dont les mérites, peut-être, sont encore plus considérables ? Si nos savants sont comparés à des astres, ils sont soumis, comme eux, au principe de banalité et se trouvent ravalés au rang du vulgaire. Voilà donc une singulière leçon de modestie que ce principe copernicien, pour eux comme pour nous.

Salviati : Il me paraît à propos de rendre ici hommage, une fois de plus, à un audacieux personnage qui avait bien compris tout cela à la fin du XVIe siècle déjà, malgré un penchant quelque peu regrettable pour l'hermétisme. Cet homme est Giordano Bruno ; il paya de sa vie le fait de maintenir sa doctrine d'un monde infini, peuplé de soleils entourés de planètes, sur certaines desquelles une vie serait apparue, y compris une vie intelligente.

Simplicio : Il est tout à fait inexact de prétendre que Bruno fut condamné à mort à cause de sa doctrine de la pluralité des mondes. Il le fut en réalité à cause de huit propositions d'ordre théologique et philosophique, dont l'héliocentrisme et la pluralité des mondes étaient sans doute absents. N'oubliez pas qu'avant votre célèbre procès, Signor Salviati, l'héliocentrisme n'était pas classé par l'église romaine comme formellement hérétique. D'autre part, Bruno était avant tout philosophe et bien peu astronome : pour lui, c'est la spéculation philosophique et non la science qui représentait le meilleur antidote à l'erreur. Il méprisait l'astronomie mathématique, et considérait par exemple que Mercure et Vénus se déplacent sur la même orbe que notre Terre ! Bien loin d'appartenir à la petite cohorte des créateurs de la science nouvelle, le Nolain[36] avançait un argument théologique à l'infinité de l'univers et à la pluralité des mondes : indigne de la divinité eût été, selon lui, un monde fini ![37]

Salviati : Il a fallu quatre siècles pour que l'église romaine exprime enfin quelque regret pour avoir condamné cet hérétique au bûcher. Avec le procès qui me fut fait et où je ne jugeai pas utile de mourir pour Copernic, la condamnation de Bruno a alimenté et alimente encore puissamment l'anticléricalisme des libres-penseurs, trop heureux de brandir ces symboles fournis gratuitement par l'église romaine – que même eux, tout libres qu'ils se croient, considèrent fidèlement comme suffisamment universelle pour représenter l'ensemble des chrétiens.

Simplicio : Certains excusent l'église romaine en arguant que sa responsabilité était en proportion de son emprise sur la société, et qu'il fallait bien qu'elle prît les mesures nécessaires à éviter le chaos. Or selon eux, celui-ci n'eût pas manqué de surgir d'une contestation radicale qui n'eût point suscité de réaction ferme et assurée : il arrive hélas qu'un mal soit nécessaire pour éviter le pire. Ce n'est point sans un sentiment de malaise que je perçois l'argument qui entérine implicitement ce présupposé : la fin, même souhaitable en soi, justifierait les moyens choisis pour y conduire.

---

[36] Du nom du village natal de Giordano Bruno : Nola, près de Naples.

[37] Conférence à l'Université de Genève, le 27 mai 2004, de Francesco Beretta, priva-docent à l'Université de Fribourg et à l'Observatoire de Paris.

Sagredo : Voilà qui est d'une logique implacable mais laisse perplexe en effet : l'Église doit-elle jouir de quelque pouvoir temporel ? Il est vrai que l'Inquisition n'a formellement jamais tué personne, puisque le condamné était « livré au bras séculier » qui se chargeait de la basse besogne. Peut-être la stabilité sociale fut-elle garantie à court terme, mais à long terme, quelle pesante entrave l'église romaine ne se préparait-elle pas ! Songeons à la parabole de l'inquisiteur de Dostoïevski…
Cela dit, il me semble que nous nous éloignons de notre sujet. Ce qui est frappant tout de même, est la justesse et la modernité de l'opinion de Bruno, alors même qu'il disposait de beaucoup moins d'éléments de preuves que vous, Signor Salviati, et encore beaucoup moins que les astronomes modernes.

Salviati : Certes, et cela ne fait qu'accentuer son mérite. Toutefois, il lui manquait la preuve que la vie existe sur d'autres planètes, et cette preuve là nous manque encore malgré les progrès fulgurants des sciences astronomique et biologique. Ainsi, je me sens un peu dans la situation où j'étais à l'époque de notre premier Dialogue : tout parlait en faveur de mon intuition que le système de Copernic était juste, mais la preuve décisive, tapie dans l'ombre de notre ignorance, me faisait cruellement défaut. De même aujourd'hui, tout parle en faveur de la pluralité des mondes habités, même si personne encore n'a vu ni entendu aucun être extraterrestre, qu'il provienne de notre système solaire ou d'un autre.

Sagredo : Pourtant, comment penser que nous serions les seuls et uniques représentants de l'intelligence – au demeurant fort modestes – dans l'immense univers ? Se pourrait-il que nous ne soyons qu'un accident exceptionnel et unique, un épiphénomène de la Nature ? et que, au sein de l'univers entier, l'immense vide culturel n'existe, si l'on peut dire, que pour mettre en évidence et en valeur la culture humaine ?

Salviati : Non, la vocation de la vie est au contraire de se développer, et elle le fait en s'ouvrant à d'autres foyers de vie. De même qu'un individu solitaire s'étiole et dépérit à moins d'avoir au moins l'espérance de voir un jour son isolement rompu, de même l'humanité a pour vocation d'aller à la rencontre de ses sœurs qui, à n'en pas douter, doivent peupler l'univers et lui donner sens. Car autrement, pourquoi cet incommensurable, ce gigantesque désert ? Si même le plus aride de nos déserts terrestres abrite en réalité une flore et une faune nombreuses, pourquoi l'univers tout entier serait-il vide, hors nous autres humains ? Quelle prétention, quelle vanité et quel orgueil que de nous figurer seuls ! Je vous défie d'imaginer, sans vous gausser, un équipage de vaisseau fendant les flots avec la pleine assurance que non seulement ceux-ci dépassent en stérilité l'Achéron maudit, mais encore qu'aucun autre vaisseau n'existe ni jamais n'exista, sous le ridicule prétexte que nulle voile ne fut en vue jusqu'à présent, au cours d'une croisière commencée il y a quelques jours à peine !

Simplicio : Au fond, la doctrine de la pluralité des mondes habités satisfait non seulement la raison, mais encore la piété chrétienne, tant elle nous pousse à une saine humilité aussi bien qu'à l'émerveillement devant les richesses inattendues et toujours renouvelées à nos yeux, de la création divine !

Sagredo : Du moins nous contraint-elle à l'humilité, en effet, avec ou sans piété dirais-je. Pourquoi les chrétiens auraient-ils le monopole de cette vertu, après tout ? De toute façon, aller à la rencontre d'autres civilisations de l'univers risque fort de mettre à mal la doctrine chrétienne ou ce que nous en avons fait, et nous en reparlerons peut-être. Mais le propre de la vie n'est-il pas précisément d'évoluer et de se transformer, comme elle le fait depuis l'aube des temps ?

Salviati : En effet, et l'idée de la pluralité des mondes a encore reçu une impulsion puissante avec la théorie de l'évolution biologique de Darwin, qui envisage une origine purement naturelle des espèces, sans l'intervention surnaturelle d'un Dieu trop commode à invoquer pour ne pas être suspect aux yeux des hommes éclairés par l'exercice de la science. Si le règne vivant est issu du monde minéral, pourquoi – même si nous ignorons encore comment cela se fit – cet événement eût-il été unique ? nous savons bien que les lois de la physique sont partout les mêmes dans l'univers : c'est précisément sur ce point que la physique d'Aristote fut mise en défaut, car nous savons bien que rien de fondamental ne distingue le monde sublunaire du monde céleste. Les mêmes lois physiques qui nous gouvernent règnent aussi dans chacune des plus lointaines galaxies et sur chacun de leurs moindres constituants. Si donc la vie est une conséquence nécessaire des dites lois, il est non moins nécessaire qu'elle apparaisse partout dans l'univers. Il n'y a pas plus de raisons qu'elle reste confinée à notre seule Terre, qu'il y a de raisons que notre Soleil soit l'unique étoile de tout l'univers.

Simplicio : Mais l'Écriture ne dit-elle pas expressément que Dieu créa les animaux et l'homme ? N'est-ce pas faire preuve de vanité et d'orgueil que de prétendre percer le mystère des origines, alors même que l'idée de pluralité des mondes est censée vous pousser à l'humilité ?

Salviati : Point d'orgueil ni de vanité dans tout ceci, mais simplement une insatiable curiosité et une grande foi dans la cohérence et dans la fécondité de la Nature. Après tout, cette foi là me paraît plus agissante, plus efficace et plus fructueuse que celle des gens religieux qui freinèrent les élans d'Aristarque, poussèrent Copernic à ne publier son œuvre qu'à sa mort, brûlèrent Giordano Bruno et me contraignirent à abjurer !

Sagredo : Allons, ne cédons pas à la polémique, s'il vous plaît. Admettons que l'église romaine a reconnu ses torts dans une large mesure, et que ses relations avec la science sont aujourd'hui plus sereines que jadis. Revenons à cette question de l'apparition de la vie en tant que conséquence nécessaire des lois fondamentales de la physique : n'y a-t-il pas une audace fantastique à postuler cela ? Se pourrait-il que la vie, avec sa complexité extrême, soit en quelque sorte contenue en puissance dans l'élégante et sobre simplicité des lois fondamentales de la matière ? Cela ne paraît-il pas fou ? Les lois physique, contrairement à ce que pensait le fameux biologiste Jacques Monod[38], seraient-elles bel et bien « grosses de la vie » comme un ovule fécondé contient en puissance l'adulte qu'il sera vingt ans plus tard ?

Salviati : Mais nous voyons bien que la vie est là chez nous, et que rien en elle ne contredit les lois de la physique. Elle fait donc partie de la nature, et il n'y a pas plus de raisons d'y voir une différence de nature d'avec le monde minéral, qu'il n'y a de différence entre les mondes céleste et sublunaire d'Aristote : tous deux, la vie et le règne minéral, sont gouvernés par les mêmes lois. Simplement, si j'ose dire – car combien d'énigmes ce

---

[38] « Le hasard et la nécessité. Essai sur la philosophie naturelle de la biologie moderne », Paris, Le Seuil, 1970.

« simplement » ne contient-il pas ! – le règne vivant jouit d'une complexité bien plus grande que le règne minéral. Toutefois cette complexité est autorisée, pour ne pas dire offerte, par la structure même des atomes, capables de s'assembler en molécules compliquées, au point qu'elles ont fini par s'assembler en organismes capables de se reproduire. Tout audacieuse que soit l'idée d'une sorte de nécessité de la vie, idée qui sous-tend toute la thèse de la pluralité des mondes habités, elle paraît cohérente avec le fait de l'universalité des lois physiques. Le physicien Paul Davies avait commenté avec intelligence cette idée dans son livre « The fifth miracle »[39].

Simplicio : Soit, admettons qu'il existe peut-être d'autres mondes habités. Dans ce cas, il faudra bien qu'un jour nous puissions le prouver, en constatant sur ces mondes les signes d'une vie et plus encore, les signes d'une vie intelligente, industrieuse et capable de langage. Ne dit-on pas que le langage est à la base de toute culture ?

Sagredo : Il y a deux étapes dans cette quête des preuves, me semble-t-il. Il faut d'abord prouver que la vie en soi existe sur des planètes, qu'elles soient membres de notre système solaire ou d'un autre. Ensuite, il faut trouver non seulement de la vie, mais une civilisation, une vie intelligente et organisée en société.

Salviati : Il est crucial, en effet, d'explorer déjà notre système solaire pour voir si la vie a pu se développer indépendamment sur d'autres corps célestes que la Terre. C'est pourquoi une exploration systématique de la planète Mars est importante, ne fût-ce que pour y trouver des fossiles d'une vie microbienne. Certains pensent en effet qu'autrefois l'atmosphère martienne était plus dense et a pu autoriser l'existence d'eau liquide à l'air libre. Si cette phase de l'histoire géologique de Mars a duré suffisamment longtemps, alors il est raisonnable de penser qu'une forme de vie élémentaire a pu se développer. D'ailleurs, peut-être la preuve viendra-t-elle avant même que des astronautes ne posent le pieds sur Mars, voire avant même que des sondes automatiques y prélèvent des roches et les ramènent sur Terre. Car il y a d'ores et déjà sur notre planète des roches qui viennent

---

[39] 1998, Penguin Books.

certainement de Mars. On a trouvé, en Antarctique, des météorites particulières qui contiennent des inclusions microscopiques d'un gaz qui, d'après les abondances et les rapports isotopiques[40], est représentatif de l'atmosphère martienne telle qu'elle avait été mesurée par les sondes Viking. Il est tout à fait concevable que cette météorite soit une roche martienne arrachée à sa planète d'origine à la faveur d'un impact de grosse météorite, d'autant plus que la gravité modeste de Mars n'a que mollement résisté à sa fuite.

Sagredo : Ainsi cette roche aurait-t-elle erré loin de sa planète quelques millions d'années durant, puis se serait aventurée au voisinage de la Terre qui l'aurait irrésistiblement attirée ?

Salviati : C'est cela même, et ainsi chut-elle sur notre globe il y a quelques millénaires.
Or, en examinant très en détail cette messagère de Mars, des chercheurs y ont trouvé de curieuses formations tubulaires microscopiques, qu'ils interprétèrent comme des fossiles de bactéries primitives. La chose fit grand bruit en 1996, puis des voix sceptiques s'élevèrent, affirmant que de telles formations auraient pu être créées par des processus minéraux plutôt que biologiques. L'enthousiasme décrut ainsi quelque peu jusqu'en 2000, où l'on trouva un indice supplémentaire d'activité biologique passée dans cette même météorite : de minuscules cristaux de magnétite, si purs et si réguliers qu'ils ne peuvent, selon ceux qui les ont découverts, n'avoir qu'une origine biologique : on ne trouve sur Terre de semblables cristaux que dans une catégorie particulière de bactéries à qui ils servent en quelque sorte de boussole. Néanmoins, cet argument est aussi controversé et aujourd'hui la plupart des spécialistes restent sceptiques quant à l'origine biologique de ces formations.

Sagredo : Si je comprends bien, il y a de fortes chances que la vie ait pu apparaître non seulement sur notre Terre, mais aussi dans une planète voisine comme Mars ? Il serait magnifique de pouvoir le prouver, depuis le

---

40 Par exemple le rapport $^{40}Ar/^{36}Ar$ de deux isotopes de l'argon ; un élément est caractérisé par le nombre de protons présents dans le noyau, tandis que les différents isotopes d'un éléments sont définis par le nombre de neutrons. Ici, les nombres 40 et 36 représentent le nombre total de nucléons (protons et neutrons).

temps que l'on imagine des martiens ! En trouver sinon en chair et en os, du moins sous forme de fossile, même pour conclure qu'ils étaient infiniment plus petits que les petits hommes verts de nos fantasmes, serait une percée fantastique pour les sciences biologiques !

Salviati : Certes, mais ne nous emballons pas trop vite. On s'est rendu compte récemment que des bactéries très particulières peuvent vivre dans les profondeurs de la terre, jusqu'à quelques kilomètres dans la croûte terrestre. Ainsi enfouies dans la roche, elles peuvent fort bien survivre à l'intérieur de celle-ci, même si elle est arrachée à sa planète par un impact de météorite. Et une fois dans l'espace, cette roche constitue pour ses habitants microscopiques un bouclier protecteur contre les radiations ultraviolettes du soleil et une bonne part des rayons cosmiques. Supposons alors que la vie soit apparue sur Mars, au début de l'histoire du système solaire. Une grosse météorite vient à frapper cette planète, en lui arrachant quelques roches habitées de tels micro-organismes. Supposons encore qu'après quelques millénaires, peut-être quelques millions d'années, une de ces roches vienne à subir l'attraction gravitationnelle de la Terre et finisse par y tomber, devenant météorite elle-même. Les bactéries qu'elle porte, ayant survécu à l'atterrissage, ne vont-elles pas bientôt proliférer et coloniser la Terre jusque là stérile ?

Simplicio : Ciel! Dois-je comprendre que selon votre scénario, nous serions martiens sans le savoir, la vie étant apparue sur Mars et ayant plus tard évolué sur la Terre ?

Salviati : Et pourquoi pas ? C'est là bien sûr une spéculation pure, mais je la cite pour montrer qu'après tout il ne suffit pas encore de trouver de la vie (défunte ou active) sur Mars, pour prouver que celle-ci est universelle, dans le sens où elle pourrait apparaître indépendamment sur différents corps célestes. On pourrait même imaginer le scénario inverse, qui est cependant moins probable à cause de la gravité terrestre plus grande que celle de Mars, et qui rendrait donc plus difficile l'évasion des roches terrestres dans l'espace. Mais il ne serait pas impossible qu'un violent impact météoritique arrache quelques pierres à notre croûte terrestre, et qu'une petite fraction de celle-ci tombe enfin sur Mars, où la vie éventuelle serait alors terrestre !

Simplicio : Tout de même, l'Ecriture ne dit-elle pas que Dieu créa la vie sur la Terre ? Vos spéculations, Signor Salviati, ne font que repousser la question des origines de la vie en les situant éventuellement ailleurs que sur Terre. De plus, les sondes Viking ont cherché de la vie sur Mars et n'en ont pas trouvé, ce qui me conforte dans l'idée que seule notre magnifique planète abrite la vie, en tout cas dans notre système solaire.

Sagredo : Mais le Signor Salviati ne faisait que souligner la difficulté de prouver de manière définitive l'universalité de la vie. Son propos n'était pas d'harmoniser la description scientifique de l'apparition de la vie avec ce qu'en disent les Écritures, qui ne peuvent d'ailleurs servir de référence à aucun homme de science puisque les récits qu'elles font de la création sont imagés et n'ont pas de prétention scientifique.

Salviati : Et si les sondes Viking n'ont rien trouvé, c'est peut-être tout simplement parce qu'elles ont mal cherché ! Non qu'elles fussent mal conçues, mais il fallait nécessairement baser la conception des expériences qu'elles ont menées sur certaines hypothèses que la vie martienne, si elle existe, ne satisfait pas forcément. Ce n'était qu'une première approche, qui avait toute sa valeur à l'époque mais doit être suivie d'autres enquêtes plus serrées. Et puis, il se peut fort bien que les sondes Viking n'aient rien trouvé simplement parce que la vie est actuellement éteinte sur Mars, ce qui ne veut pas dire qu'elle n'y fut jamais présente. Il faut donc continuer à explorer non seulement Mars, mais aussi tout notre système solaire, puisqu'il y a certainement de l'eau liquide sous les glaces d'Europe, un des quatre gros satellites de Jupiter. Or qui dit eau liquide dit possibilité de vie, puisque nous voyons qu'ici sur Terre l'eau est indispensable à la vie. Qui sait si les abysses d'Europe n'abritent pas, eux aussi, une vie élémentaire ? Sans aller forcément aussi loin que Carl Sagan, qui imaginait que les couches profondes et tempérées de l'atmosphère de Jupiter puissent abriter des espèces d'animaux-ballons dérivant, tels des méduses aériennes, au gré des vents joviens, on devrait peut-être faire davantage d'efforts d'imagination pour concevoir de nouvelles formes de vie. Dans ce domaine, la nature s'est toujours avérée plus audacieuse que nous jusqu'ici !

Sagredo : Voilà un volet de la question. Venons-en à l'autre, si vous le voulez bien, qui concerne les civilisations extraterrestres : elles devraient logiquement se compter par légions.

Salviati : Oui, mais signalons, avant d'aborder ce sujet, que l'on songe déjà à détecter la vie de manière indirecte sur des planètes extrasolaires de type tellurique, c'est-à-dire de la taille et de la densité de la Terre. De grands interféromètres spatiaux devraient nous permettre, dans un premier temps, de voir de telles planètes – ou plutôt d'en reconstituer l'image. Dans un deuxième temps, ils devraient autoriser la détection de l'oxygène moléculaire dans leur atmosphère grâce à la spectroscopie : chaque atome, chaque molécule laisse en effet son empreinte unique sur le spectre, obtenu en dispersant la lumière blanche à l'aide d'un prisme par exemple. Cette empreinte est très semblable aux « codes-barres » de nos produits de consommation courants, et identifient leurs propriétaires respectifs – atomes ou molécules – aussi sûrement que nos codes-barres désignent les prix d'achat.

Sagredo : Or, on admet actuellement que l'oxygène atmosphérique est essentiellement issu de l'action biologique. Donc, qui dit oxygène en grande quantité dans une atmosphère planétaire dit aussi activité biologique. Ô science, ô technique, combien vos progrès ont fait mentir la prédiction insensée d'Auguste Comte, selon laquelle jamais il ne serait possible de mesurer la composition chimique des étoiles !

Salviati : Oui, et une telle détection, qui pourrait fort bien intervenir dans seulement quelques décennies, prouverait de manière définitive que la vie peut apparaître et se développer ailleurs que sur Terre, puisqu'une météorite ne pourrait aisément parcourir des années-lumière et être happée par une planète extrasolaire. Quant aux civilisations extraterrestres, elles devraient être, paradoxalement, beaucoup plus faciles à détecter que la vie elle-même à même distance. En effet, la technique nécessaire à leur détection existe déjà, puisqu'il s'agit des radiotélescopes. On sait, depuis l'article fondateur de Cocconi et Morrison dans Nature[41], que les ondes radio sont un véhicule d'information idéal non seulement à l'échelle de notre Terre, où elles sont abondamment utilisées, mais aussi à l'échelle interstellaire. Divers programmes de recherche ont été entrepris depuis cinquante ans, avec un matériel d'abord très simple, puis de plus en plus perfectionné. Actuellement, cette recherche, menée principalement par

---

[41] 1959, Nature Vol. 184, p. 844.

l'Institut SETI (Search for ExtraTerrestrial Intelligence) aux États-Unis, est essentiellement financée par des fonds privés. C'est bien regrettable, vu l'importance philosophique cruciale de la question !

Simplicio : Pourtant, aucun des programmes dont vous parlez n'a jamais permis la détection d'un seul message envoyé par une civilisation extraterrestre. Comme le disait un sénateur américain, n'est-il pas déjà assez difficile de trouver l'intelligence sur Terre, avant d'aller la chercher dans les astres ?[42]

Sagredo : Voyons, Signor Simplicio, ne concluons point de manière si hâtive ! Une absence de preuve n'implique pas une preuve d'absence : si nous n'avons encore rien détecté, cela ne veut pas dire que les E.T. n'existent pas, mais simplement que nous n'avons pas encore assez exploré. Un voyageur qui erre longtemps dans le Sahara ne conclut pas à l'inexistence de ses frères humains. Au contraire, il compte bien rencontrer un jour une caravane.

Salviati : Il est pitoyable que les gouvernements accordent si peu de crédit à cette recherche, car elle a une importance incalculable pour le genre humain. Comme le disait le regretté Carl Sagan, un des pionniers de l'aventure SETI, le simple fait de recevoir un message artificiel d'origine extraterrestre nous montrera, avant même que l'on puisse le décoder, que la vie est effectivement universelle et évolue vers une forme d'intelligence. Plus encore, il est très probable que ce message émane d'une civilisation plus développée que la nôtre, puisque nous venons à peine d'accéder au stade technologique qui nous permet de percevoir de tels messages. Par conséquent, la simple détection de ce message nous montrera qu'il est possible pour une civilisation de surmonter les dangers qui accompagnent son stade d'adolescence technologique. Plus encore qu'une simple réponse à une question posée par notre curiosité, nous aurons aussi un message implicite d'espoir, une réponse à nos angoisses. Car *a priori*, qui sait si toute civilisation, une fois arrivée à notre stade de développement, ne finit pas par s'autodétruire par la pollution ou par la guerre nucléaire ?

---

42 Il s'agit peut-être du sénateur Richard Bryan, qui stoppa le financement public de SETI aux Etats-Unis en 1993 (ce point reste incertain).

Sagredo : Ainsi, un signe d'une seule civilisation plus évoluée que la nôtre suffirait à nous assurer que non !

Salviati : Et puis, comment comprendre un univers qui ne contiendrait qu'une seule et unique humanité, qui n'a au demeurant que bien peu de raison d'être fière d'elle-même ? Un univers riche de nombreuses civilisations serait bien plus aisé à comprendre et aurait bien plus de sens. Si nous étions seuls dans l'univers, quel gâchis d'espace ne nous faudrait-il pas être prêts à admettre ! La chose est impensable et le bon sens même justifie à lui seul une recherche comme SETI.
Pour la première fois dans l'histoire, nous avons la possibilité de trouver plutôt que de spéculer : cherchons donc, des années, des décennies, des siècles s'il le faut ! sondons jusqu'au fond de l'inconnu pour trouver du nouveau ! Certains demandent si cette recherche en vaut la peine. Je réponds que l'on ne peut pas se permettre de ne *pas* chercher !

Simplicio : Vous voilà rempli d'un bel enthousiasme, Signor Salviati, quasiment au sens étymologique du terme : un transport divin ! Cependant, ô cerveaux enfantins, comment allez-vous décoder un éventuel message extraterrestre ? l'énigme qu'un tel message représenterait pourrait fort bien s'avérer considérablement plus difficile que celle du Sphinx à Œdipe ou que celle de Samson aux jeunes philistins !

Salviati : Voire ! Nous savons que les lois de Newton sont universelles, et qu'on peut les représenter en termes mathématiques, universels eux aussi. Par conséquent, on peut très bien imaginer un message qui commencerait, par exemple, par une succession de trains d'impulsions, chaque train représentant un nombre premier (divisible seulement par lui-même et par 1) : un « bip » pour 1, puis deux « bips » pour 2, et ainsi de suite pour les nombres premiers 1, 2, 3, 5, 7, 11, 13, 17 etc. respectivement. Il s'agirait là d'une entrée en matière tout à fait reconnaissable pour n'importe quelle civilisation capable de maîtriser les techniques radio, lesquelles supposent évidemment une culture mathématique élémentaire au moins.
Ensuite, il est facile d'envoyer des images, par une suite de « lignes » comprenant des zéros et des uns représentés respectivement par des impulsions courtes et longues par exemple, ou encore par des impulsions

en deux directions de polarisation perpendiculaires. Ces lignes, mises les unes sous les autres, vont former une image facilement décodable.

Sagredo : N'est-ce pas précisément un message de ce genre qui avait été envoyé par le radiotélescope d'Arecibo, en novembre 1974, en direction de l'amas globulaire Messier 13 ?

Salviati : C'est exact. Le but n'était pas de recevoir une réponse, puisque cet amas se trouve à une distance d'environ 24 000 années-lumière, si bien que nous ne pouvons espérer une éventuelle réponse avant 48 000 ans, à supposer qu'au moins une des centaines de milliers d'étoiles de cet amas soit accompagnée d'une planète habitée par des êtres munis de radiotélescopes suffisamment sensibles. Il s'agissait simplement de montrer que nous avons d'ores et déjà la possibilité de manifester notre présence, à l'occasion d'une amélioration majeure de la surface collectrice du radiotélescope d'Arecibo. Si le message en question est intercepté par une autre civilisation, celle-ci devrait pouvoir l'interpréter sans trop de mal : un pictogramme représente notre façon de compter de 1 à 10, la structure des atomes d'hydrogène, carbone, azote, oxygène et phosphore qui sont prépondérants dans la chimie organique, la manière dont se combinent ces éléments dans les quatre acides aminés présents dans l'ADN, la double hélice de l'ADN, l'aspect sommaire et la taille d'un être humain en unités de longueur d'onde utilisée par le message, la situation de la Terre dans le système solaire et la taille de l'antenne utilisée pour envoyer le message.
Tout cela est fort logique et bien moins tordu que l'énigme du Sphinx, qui est de nature différente car elle fait appel à un symbolisme bien plus flou que celui de la physique, même si à certains égards il est universel : qui sait si les E.T. marchent comme nous sur deux jambes, et s'ils connaissent les cannes ? Quant à l'énigme de Samson, elle était purement contingente et donc impossible à résoudre puisqu'elle se référait à un événement particulier.

Sagredo : Ainsi existe-t-il bon espoir que nous puissions décoder un message provenant même d'une civilisation bien plus avancée que la nôtre, pour autant que celle-ci ait conservé quelque sens de la simplicité et de la pédagogie. Nous pourrions être illuminés et guidés sur la voie de la science, et nous trouver dans la situation d'étudiants découvrant avec ravissement les développements d'un cours ex cathedra ! Quoi de plus stimulant pour l'esprit, de plus propre à susciter la jubilation ?

Simplicio : Et si ce cours ex cathedra était trop difficile pour nous ? Rien ne garantit que son auteur connaisse notre niveau scientifique et mathématique. Si le « cours » est trop facile nous perdrons notre temps, et s'il est trop difficile nous perdrons aussi notre temps, mais cette fois en nous acharnant à dévoiler des énigmes excessivement ténébreuses. Supposons maintenant que les propos de nos extraterrestres soient juste à notre portée, mais aussi juste assez subtils pour occuper l'esprit de nos plus brillants chercheurs : notre science progressera peut-être, mais comment ? Car même si nous sommes bons élèves, le fait d'avaler cette manne tombée du ciel ne risque-t-elle pas d'inhiber en nous le sens de l'effort, de sorte que nous devenions comme des oies bien grasses et bien dodues, mais passives et lourdaudes, et incapables de bien voler ? On n'apprend jamais si bien les choses qu'en les découvrant soi-même. Un cours venu d'en haut ne risque-t-il pas de nous rendre par trop passifs, et même de nous faire perdre le sens de l'imprévu, de l'émerveillement, de la découverte qui font précisément le piment de la recherche scientifique ?

Salviati : Bah ! on pourrait dire cela de tous les étudiants du monde. Les cours ex cathedra ne les ont pas empêché de trouver et d'innover, même si la pratique est nécessaire aussi. Si les extraterrestres sont en avance sur nous, on peut très bien poser, avec grande vraisemblance, qu'ils sont également avancés en matière de pédagogie. Nous serons donc entre de bonnes mains !

Simplicio : La comparaison avec les étudiants ne se justifie que si le cours se termine : eux étudient quelques années, puis ils sont invités à voler de leurs propres ailes en mettant leurs connaissances en pratique. Il faudrait alors que le cours E.T. ne dure de même qu'un temps raisonnable, après quoi ces braves gens devraient nous laisser nous débrouiller seuls afin que nous soyons capables d'assimiler véritablement leurs connaissances…

Sagredo : Toutes ces considérations sont fort intéressantes, mais une question urgente me brûle les lèvres. Elle me fut rappelée l'autre soir par ma charmante marquise, qui a l'art de poser des questions simples mais essentielles. La question est la suivante :
S'il est vrai que l'univers – et en particulier notre Galaxie – regorge de civilisations, et que certaines d'entre elles sont scientifiquement et

techniquement bien plus avancées que la nôtre, il est raisonnable de penser que beaucoup d'entre elles ont déjà maîtrisé la technique des voyages interstellaires, et qu'elles ont entrepris d'explorer la Galaxie entière, voire de la coloniser. Si donc les E.T. existent, nous aurions déjà dû recevoir leur visite, ne fût-ce que par robots interposés, si les E.T. répugnent à se déplacer en personne.

Salviati : Votre marquise n'a fait que redécouvrir – ce qui est méritoire tout de même – ce que l'on appelle dans les milieux de SETI, le « paradoxe de Fermi ». Ce brillant physicien s'était exclamé, dit-on, lors d'une conversation de table, « mais où sont-ils ? » à propos des E.T. Il avait bien compris que, vu le grand âge de notre Galaxie, il eût été possible à une civilisation un peu plus avancée que la nôtre, de coloniser la Galaxie entière en un temps relativement court. Le caractère « paradoxal » de la chose n'est un paradoxe qu'à l'égard du principe de banalité : si la Galaxie contient de nombreuses civilisations technologiques, comme l'implique ce principe, alors au moins l'une de celles-ci – et il suffit d'une seule – a dû pouvoir coloniser la Galaxie entière et laisser des traces de son passage sur toutes les autres planètes habitées. Or nous ne voyons pas ces traces. Donc il y a paradoxe.

Sagredo : Mais qu'entendez-vous par « temps relativement court » ? Nous sommes fiers d'avoir marché sur la Lune, située à une seconde-lumière, mais notre génération se demande encore si elle verra la conquête de Mars. Or cette planète n'est éloignée que de quelques minutes-lumière, tandis que les autres systèmes planétaires sont à des années-lumière !

Salviati : J'y viens. Ce paradoxe de Fermi, je viens de l'expliquer de manière purement qualitative, mais il y a une manière plus quantitative de le justifier : rappelons-nous d'abord que le diamètre de notre Galaxie est de l'ordre de cent mille années-lumière. Un vaisseau spatial ne peut atteindre la vitesse de la lumière, comme l'a montré Einstein en 1905. Par conséquent, traverser la Galaxie de part en part mettra bien plus de 100 000 ans. Cela paraît très long, mais les étoiles les plus éphémères ont une durée de vie 10 à 100 fois plus longue que cela. Imaginons donc un vaisseau spatial interstellaire qui voyagerait à une vitesse moyenne de 30 km/s, soit le dix-millième de la vitesse de la lumière : une telle vitesse est déjà accessible avec nos techniques actuelles. A une telle célérité, traverser la Galaxie de part en part (en supposant un trajet rectiligne, ce qui, il est vrai, est irréalisable en pratique) prendrait, grosso modo, 10^9 ans, soit un milliard d'années. Ce n'est, tout au plus, que le dixième de l'âge de la Galaxie. Des progrès techniques tout à fait raisonnables devraient aisément permettre d'aller dix fois plus vite, ce qui ne fait que renforcer le paradoxe, même si en réalité les vaisseaux interstellaires devraient décrire des orbes compliqués plutôt que des trajectoires rectilignes.

Simplicio : Vous m'en voyez fort aise, car la solution à ce paradoxe, nous la connaissons depuis fort longtemps. Elle se trouve évidemment dans les Ecritures Saintes, selon lesquelles Dieu a d'abord créé les cieux et la Terre, puis les animaux et enfin l'homme en tant que couronnement de la création et gérant de celle-ci. Le Psaume 8 dit même au sujet de l'homme : « Tu l'as fait de peu inférieur à Dieu, et tu l'as couronné de gloire et de magnificence. Tu lui a donné la domination sur les œuvres de tes mains, tu as tout mis sous ses pieds… ». Il n'est question nulle part dans les Ecritures d'autres hommes qui habiteraient une autre Terre quelque part dans l'univers. Par conséquent, il est bien difficile d'admettre l'existence d'autres humanités que la nôtre : nous sommes seuls dans l'univers, et voilà le paradoxe résolu !

Sagredo : Voilà qui est un peu facile, Signor Simplicio, et propre à faire croître la méfiance de tout homme éclairé par les Lumières envers ceux qui invoquent la Bible à tout propos ! N'a-t-on pas suffisamment répété cette sage proposition de Signor Salviati, selon laquelle les Écritures sont là pour nous dire comment aller au ciel, mais non comment va le ciel ? Les théologiens actuels ont en général bien compris cela et ne cherchent plus à tirer des conclusions scientifiques du texte biblique.

Salviati : Nul besoin de recourir aux Écritures pour résoudre le paradoxe de Fermi. Bien d'autres possibilités existent, qui sont moins tirées par les cheveux. Peut-être les civilisations avancées s'abstiennent-elles d'interférer avec celles qui viennent d'accéder, comme la nôtre, à une compétence technologique suffisante. Peut-être n'ont-elles tout simplement pas envie d'investir l'énorme effort nécessaire à coloniser la Galaxie, et préfèrent-elles aménager intelligemment leur propre planète parce qu'elles voient bien qu'il s'agit de la solution la plus simple et la plus élégante. Une possibilité plus pessimiste est que, dès qu'une civilisation a atteint un degré technologique suffisant pour s'autodétruire, elle le fasse effectivement, au travers d'une guerre nucléaire par exemple. Après tout, chaque être humain est comme programmé pour vivre au plus une centaine d'années. Et comme disait Valéry, les civilisations sont mortelles, elles aussi : pourquoi devraient-elles avoir le privilège de perdurer indéfiniment ? Ainsi, le nombre de civilisations présentes simultanément dans notre Galaxie pourrait-il être très faible, tandis que des milliers ont pu nous précéder et, peut-être, des milliers nous succèderont. Une autre possibilité encore, évoquée il y a plus de vingt ans par le Signor Sagan, serait que des *artefacts*[43] laissés par des extraterrestres existent effectivement et que nous les voyons, mais sommes incapables de les reconnaître pour tels parce que nous les interprétons comme des phénomènes naturels. Très récemment, un sociologue a même généralisé cette idée en disant que les E.T. sont peut-être tout proches, mais que nous ne sommes pas conscients de leur présence à cause de l'immense distance culturelle qui nous sépare d'eux.

Simplicio : Voilà qui donne matière à réflexion pour bien des journées comme celle-ci, Signor Salviati. A dire vrai, je reconnais la force de l'argument copernicien et peine à lui trouver une parade qui puisse forcer l'adhésion du grand nombre. L'argument copernicien, généralisé en principe de banalité, semble fondé, à première vue, et au moins qualitativement. Mais quantitativement, est-il si sûr que notre Galaxie puisse vraiment abriter de nombreuses civilisations comme la nôtre ? Car si nous étions capables d'estimer leur nombre, peut-être arriverions-nous à la conclusion qu'il n'y a qu'une chance sur un milliard de trouver une seule civilisation technologique, à une époque donnée, dans notre Galaxie ?

Sagredo : Hélas, que savons-nous des mécanismes d'apparition de la vie, par exemple ? Mais tout en devisant avec la Marquise, je me suis souvenu que le plus connu des pionniers de la recherche de civilisations E.T., le

---

43 « phénomène d'origine artificielle ou accidentelle, rencontré au cours d'une observation ou d'une expérience » (Petit Larousse 1997). Il peut s'agir d'un parasite, ou bien d'un produit de l'art ou de l'industrie, voire encore, dans les récits fantastiques, d'une relique ou d'un objet magique (Wikipédia).

Signor Drake[44], avait écrit, voici un demi-siècle, une formule restée célèbre qui permet, sinon d'estimer réellement le nombre de civilisations présentes dans la Galaxie, du moins de recenser les différents facteurs pertinents et, ainsi, de clarifier le problème en désignant les zones d'ignorance les plus épaisses ou, inversement, les zones de clarté acquises. Toutefois, ma mémoire de la chose étant restée un peu floue, je vous laisse le soin, Signor Salviati, de me la rafraîchir et d'alimenter celle de Signor Simplicio.

Salviati : Vous avez raison, Frank Drake avait rédigé la fameuse équation qui porte son nom en vue d'organiser un petit colloque sur le thème de SETI. Le but était avant tout d'expliciter les différents aspects du problème. Cette équation n'est donc pas l'expression d'une loi physique, mais plutôt l'énumération des facteurs qui entrent en jeu et qui commandent le nombre de civilisations capables de communiquer par radio actuellement présentes dans notre Galaxie. Voici comment elle s'écrit :

$$N = R \cdot f_{\mathrm{p}} \cdot n_{\mathrm{t}} \cdot f_{\mathrm{v}} \cdot f_{\mathrm{i}} \cdot f_{\mathrm{c}} \cdot L$$

où R est le taux de formation stellaire, c'est-à-dire le nombre d'étoiles qui se forment (ou qui « naissent ») par année dans la Galaxie,
f_{p} est la fraction d'étoiles entourées de planètes,
n_{t} est le nombre de planètes où les conditions physiques sont favorables à la vie, par système planétaire, ou, si l'on veut, la fraction de planètes semblables à la Terre, d'où la lettre « t » en indice,
f_{v} est la fraction de planètes favorables à la vie où la vie est effectivement apparue,
f_{i} est la fraction des planètes abritant la vie, où une vie intelligente existe,
f_{c} est le pourcentage de civilisations qui communiquent avec l'extérieur et peuvent donc être détectées par radio,
L est la durée pendant laquelle une civilisation émet des signaux détectables dans l'espace (plus courtement, on assimile parfois ce facteur à la durée de vie de la civilisation en question, mais cela est abusif, *stricto sensu*).

---

44 Frank Drake, né en 1930, a été radioastronome à Cornell University et travail actuellement au SETI Institute en Californie. C'est le pionnier incontesté de SETI.

Sagredo : Je vous suis bien, mais tous ces facteurs sont autant d'arbres qui cachent l'harmonieux bosquet. Il me manque une perception plus directe et intuitive de la chose. Comment comprendre cette équation ?

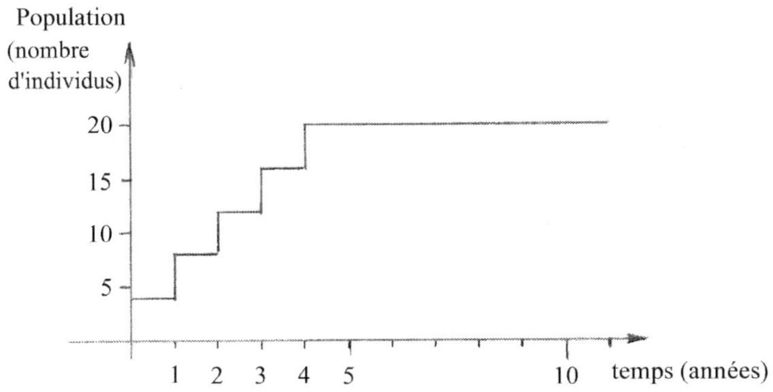

Figure 3. Progression de la population de lapins pour $R = 4/\text{an}$ et $L = 5$ ans, avant l'état d'équilibre, et stabilisation après 5 ans.

Salviati : Pour simplifier, posons tous les facteurs égaux à 1, sauf R et L. Nous avons alors :

$$N = R \cdot L$$

Cela signifie qu'à chaque instant, il y a en moyenne N objets dont la durée de vie est L, s'il en naît R par unité de temps. En réalité, cette équation n'est valable qu'après qu'une sorte d'état d'équilibre ait été atteint, c'est-à-dire lorsque le nombre de naissances compense exactement le nombre de décès. Examinons le cas précis d'une population quelconque (par exemple de lapins) où l'on constate en moyenne quatre naissances par année, et où l'on admet que chaque individu vit exactement 5 ans. En laissant de côté le premier couple géniteur, cela signifie qu'après un an la population sera de 4 individus ; après 2 ans, de 8 individus ; après 5 ans, de 20 individus (figure 3). Ainsi, la population n'a fait que croître linéairement depuis le début. Mais voilà que les 4 premiers individus ont vécu leur vie et disparaissent au début de la 6e année, remplacés alors par 4 naissances : la population a cessé de croître et reste désormais constante à 20 individus. On a bien $N = 4 \times 5 = 20$ à l'état d'équilibre. Plus mathématiquement, on peut écrire sous la forme d'une intégrale sur le temps : $N = {}_0\int^L R\, dt$ où L est la durée de vie. Si R ne dépend pas de t, alors on peut le sortir de l'intégrale et on retrouve $R = R\, {}_0\int^L dt = R\, L$. Le raisonnement reste valable si L n'est pas le même pour tous les individus, pour autant qu'on puisse en définir une valeur moyenne. On a ainsi expliqué l'essentiel de l'équation de Drake ; les autres facteurs ne sont là que pour définir un taux de formation de civilisations technologiques à partir du taux de formation stellaire, qui est d'ailleurs supposé constant dans notre Galaxie, au moins dans les quelques dizaines de millions d'années passées.

Simplicio : Quelle honte ! vous voilà en train de traiter l'humanité, ou plutôt les humanités (si les autres existent) comme de vulgaires objets astrophysiques, se formant au gré des lois physiques et du hasard et disparaissant de même. Que devient donc leur nature évidemment spirituelle dans tout cela ? Que faites-vous de l'immortalité de l'âme qu'Aristote, lui, prenait en compte ? [45]

Sagredo : Mais le Signor Salviati n'en fait rien, précisément ! Je croyais la chose acquise et entendue pour chacun ici, à savoir qu'un discours scientifique digne de ce nom doit nécessairement considérer toute chose sur le seul plan de la physique, en évacuant a priori toute velléité de surnaturel. Sinon, à quel dérapage, à quelle catastrophe ne devrions-nous pas nous attendre ? N'étiez-vous donc pas conscient, Signor Simplicio, que tous nos échanges d'hier et d'aujourd'hui nous amenaient, au travers du principe de banalité, à considérer l'humanité comme un composant de l'univers, soumis comme toute autre de ses parties au principe copernicien ? Point de statut privilégié pour l'humanité, faut-il le rappeler encore et toujours : donc, un statut d'objet banal parmi d'autres, et par conséquent objet de statistique comme tout autre.

Salviati : Mais revenons à nos moutons, ou plutôt à nos civilisations E.T. et passons en revue nos connaissances de chacun des facteurs par le Signor Drake énumérés :

---

[45] La notion d'immortalité de l'âme dans sa formulation philosophique remonte au moins à Platon (427-348 av. J.-C.), mais l'idée existait déjà dans l'Egypte ancienne et remonte certainement plus loin encore.

- R est de l'ordre de 1 étoile par année (pour toute la Galaxie). Même si ce chiffre est approximatif, l'ordre de grandeur est correct et il s'agit peut-être de la grandeur la mieux connue de l'équation.
- f_p était totalement inconnu jusqu'en 1995, année de la découverte de la première planète extrasolaire. On sait maintenant que ce facteur n'est pas négligeable mais doit être de trente à cinquante pourcents. Toutefois, il ne tient compte que des planètes actuellement détectables, à savoir des géantes gazeuses ou des « super-Terres », qui sont inhabitables, ou difficilement telles pour des êtres comme nous. On ne sait pas encore ce qui en est des planètes de la taille approximative de la Terre. Compte tenu de ces dernières, le facteur f_p pourrait bien approcher les cent pourcents !
- n_t est encore très mal connu. Notre seule référence, pour l'instant, est notre propre système solaire et l'on estime ce facteur à une valeur comprise entre 1 et 5.
- f_v est complètement inconnu. Nous autres astronomes avons tendance à le poser égal à 1, tandis que les biologistes, plus conscients que nous de la fantastique complexité des êtres vivants, tendent plutôt à le considérer comme très proche de zéro.
- f_i est inconnu aussi. Là encore, les astronomes « optimistes » le voient proche de 1, voyant dans l'évolution darwinienne une sorte de nécessité qui devrait conduire la vie à l'intelligence. Le regretté paléontologue Stephen Jay Gould, lui, n'était pas d'accord.
- f_c doit sans doute être proche de 1, puisque l'on conçoit mal une espèce dotée d'intelligence qui n'eût aucune curiosité pour les lois naturelles ni pour les sciences ou qui, ayant découvert les lois de Maxwell, se dispenserait de les utiliser.
- L est une grande énigme. Il devrait approcher au moins cent ans si l'on se base sur l'exemple de l'humanité, et l'on pourrait espérer qu'il vaille au moins mille ans, compte tenu de la longévité d'un empire humain comme celui de Rome, qui semble avoir été l'un des plus tenaces. Pour une civilisation qui a trouvé moyen de voyager entre les étoiles, L pourrait approcher l'âge de l'univers.

Quoi qu'il en soit, un optimiste comme le Signor Sagan proposait $L \sim 10^6$ ans, impliquant la présence d'un million de civilisations actuellement dans notre Galaxie. Inversement, la solution la plus pessimiste est $N = 1$, représentant notre cas supposé unique.

En conclusion, nous ne pouvons connaître le nombre de civilisations E.T., mais rien ne s'oppose à ce qu'il soit de plusieurs milliers, voire d'un million. Cela seul suffit à justifier une recherche intensive.

Sagredo : Voilà une perspective passionnante qui chatouille agréablement mes neurones. Signor Simplicio, vous semblez pensif. Je suggère que vous aiguisiez ce soir vos objections, à tête reposée, si toutefois vous osez encore douter des solides arguments de Signor Salviati. Quant à moi, je m'en vais de ce pas dîner avec la Marquise et lui conter nos réflexions de ce jour.

Troisième journée : Des fondements de la science

Salviati : Eh bien, Signor Simplicio, qu'avez-vous pensé de nos propos d'hier, et comment voyez-vous la chose ? Peut-être quelque aspect de la question m'aurait échappé et nous sommes ici pour nous instruire mutuellement, autant que faire se peut.

Simplicio : Je répondrai surtout par d'autres questions ; car vos arguments me semblent irréfutables si l'on reste à l'intérieur du cadre de pensée que vous vous êtes choisi. Mais avant quelques questions pressantes, laissez-moi faire une remarque qui peut-être manque de poids, mais m'apparaît tout de même comme pertinente. Nous ne sommes pas les premiers à spéculer sur la pluralité des mondes, comme le Signor Sagredo, en particulier, le sait fort bien.
Autrefois, on imaginait des habitants dans la Lune, sur chacune des planètes et même dans le Soleil, selon l'étrange idée de William Herschel qui postulait un Soleil tempéré à l'intérieur et incandescent seulement en surface. On imaginait même des habitants doués de raison. Mais avec l'accumulation des connaissances astronomiques, on se rendit compte que la Lune, dépourvue d'atmosphère, se réduisait à un austère et immense désert. Voilà donc la vie exclue de la Lune. Puis on vit que les températures sont si basses sur Jupiter et les autres planètes plus lointaines, que la vie telle que nous la connaissons y est impossible. On réalisa que Mercure, pratiquement dépourvue d'atmosphère, est de plus rôtie par un soleil d'enfer d'un côté, tandis que l'autre sombre dans de glaciales ténèbres : point de vie possible sur Mercure non plus. Ne restaient que Vénus et Mars.

Sagredo : Et que n'a-t-on pas imaginé au sujet de ces proches voisines de la Terre ! Vénus, voilée sous d'impénétrables nuages, laissait notre imagination parcourir sa surface qui était peut-être, selon certains, couverte d'un tiède océan fourmillant de vie végétale, sinon animale : des prêles et des fougères prospéraient sur les lagunes, et donnaient au sol de Vénus l'aspect qu'eut la Terre à l'ère carbonifère...

Simplicio : Mais voilà qu'une sonde américaine, Mariner II, vint à passer à quelque 30 000 km de la planète, et décela grâce à ses appareils une chaleur torride sous les nuages, si infernale que le plomb y eût fondu ! Des sondes soviétiques se posèrent même sur son sol desséché et confirmèrent ces conditions d'une hostilité inouïe. Point de vie sur Vénus.
Restait Mars, qui alimenta tant d'hypothèses, de spéculations et d'idées farfelues qu'il demeure probablement l'astre le plus chargé de mythologie de toute la cohorte céleste. On y a imaginé d'ingénieux martiens construisant des canaux gigantesques pour une irrigation problématique. On a cru voir, dans son spectre, la signature de la chlorophylle, qui eût prouvé l'existence de végétation à sa surface.
Jusqu'aux années 1960, nombreux étaient ceux qui croyaient volontiers à l'existence de végétaux primitifs, tels que des lichens, à sa surface. On croyait que les zones sombres, qui semblaient changer de teinte selon les saisons, étaient dues à une telle végétation. Puis vinrent les sondes Mariner IV, puis Mariner VI, VII et IX, qui montrèrent de nombreux cratères d'impact et un sol bien ravagé. Enfin, les deux sondes Viking s'y posèrent : plus de lichen, plus de végétation à la teinte changeant avec les saisons. Mais un régime des vents différent, et avec eux des dépôts de sable variant selon les saisons, expliquant les faibles variations de teinte. Plus de martiens industrieux, créateurs géniaux de canaux gigantesques. Peut-être alors des micro-organismes, des bactéries somnolant à une température presque toujours inférieure à zéro degré centigrade ? Chacune des sondes Viking chercha les signes d'une telle vie, et trouva des résultats qui semblaient contradictoires mais pouvaient s'expliquer par une chimie purement minérale. Exit la vie sur Mars...

Salviati : Je vous l'accorde. D'ailleurs, l'imaginatif Signor Sagan avait supposé que des micro-organismes pussent survivre même sur la Lune, protégés peut-être des rayons ultraviolets délétères du soleil par une couche de poussière. On mit les premiers astronautes en quarantaine à leur retour de la surface lunaire pour éviter tout risque de contamination par de tels organisme qui, finalement, s'avérèrent imaginaires...

Simplicio : Quant au Soleil, on sait bien que l'idée de Herschel ne peut tenir. Dans le système solaire donc, pas de vie hormis sur la Terre. La vie a reculé au fur et à mesure des progrès de nos connaissances astronomiques. Puisque vous vous permettez d'extrapoler le principe copernicien au règne vivant, je me réserve le droit, moi, d'extrapoler cette constatation aux systèmes planétaires extrasolaires et finalement à l'univers entier.
Il fut un temps où l'ignorance autorisait encore le peuplement de la Lune et de toutes les planètes de notre système solaire en généralisant le seul et unique cas de notre connaissance, la Terre : si notre monde est habité, pourquoi la Lune ne le serait-elle pas ? et si la Lune est habitée, pourquoi pas toutes les planètes ? C'est ainsi que vous trouviez bon d'argumenter autrefois, Signor Sagredo, en répliquant à votre Marquise dans le feu de votre enthousiasme « ce *pourquoi non ?* a une vertu qui peuplera tout ». Force nous est de constater, maintenant qu'une large part d'ignorance est dissipée, que la vertu du *pourquoi non ?* se limite à peupler l'univers de chimères fort distrayantes mais fort vaines aussi.

Sagredo : Voilà qui n'est pas sans intérêt, mais vous savez bien que l'argument est loin de suffire. Car vous vous basez sur des données un peu anciennes et l'on pourrait dire au sujet de E.T. ce que l'on dit parfois au sujet du Tout-Puissant : un peu de science en éloigne, davantage de science y ramène. Je vous concède que Vénus est à jamais stérile – ô paradoxe. Mais Mars ? de plus en plus d'indications convergent en faveur de l'existence de vie, peut-être fossile il est vrai, sur cette planète. Les sondes qui ont pris des clichés à résolution très fine – en particulier Mars Global Surveyor – montrent des traces d'écoulement qui semblent bien avoir été causées par de l'eau liquide, et cela même très récemment – quelques millions d'années tout au plus. Nous avons déjà parlé des traces de vie microbienne fossile qui ont peut-être été trouvées dans une météorite martienne. Tous ces résultats ne sont pas encore des preuves de présence de vie passée ou future sur Mars, mais ils la suggèrent fortement, d'autant plus que l'on s'aperçoit maintenant que les résultats des sondes Viking – que l'on eut grand peine à retrouver dans les archives de la NASA ! – pourraient fort bien, après tout, trahir la présence d'une vie contemporaine à la surface de la planète rouge ! Quant à Jupiter et surtout à son satellite Europe, nous avons déjà mentionné qu'une vie n'y est pas exclue *a priori.*

Par conséquent, il se pourrait bien qu'un examen plus approfondi de notre proche banlieue, le système solaire, donne finalement raison à des visionnaires comme Huygens qui y imaginaient des habitants, même si les « habitants » en question s'avèrent de simples bactéries.

Salviati : J'abonde dans le sens du Signor Sagredo, en rappelant comme le font à juste titre les partisans de SETI, que l'absence de preuve n'est pas une preuve d'absence. J'ajouterai que sur Terre, la vie n'a pas fini de nous surprendre par son ingéniosité à se loger dans les plus inattendus des environnements, prouvant à l'envi son extraordinaire capacité d'adaptation. Une fois de plus, l'humilité devrait vous rappeler la relativité de votre opinion, et que rien ne peut être tenu pour certain avant qu'un examen scientifique approfondi ait tranché la question.

Simplicio : Soit, admettons qu'il puisse y avoir de la vie microbienne par ci et des microbes fossiles par là. Laissez moi toutefois prendre un recul aussi grand qu'il est possible, et poser quelques questions aussi naïves et innocentes que celles que pourrait formuler un bébé à peine sorti du ventre de sa mère, s'il pouvait s'exprimer avec la clarté nécessaire.
Ma première question est en forme de citation. Jean Rostand[46], un athée bien connu dont l'attitude n'est donc pas suspecte de biais religieux, a écrit ceci en matière de pluralité des mondes :
« Il serait étrange – dit-on parfois – que nous fussions les seuls êtres pensants de l'immense univers. Mais l'étrangeté serait-elle moindre que, dans celui-ci, à perte d'esprit, nous dussions imaginer des frères ? Il n'y a rien de plausible dans le pensable. »[47]. Pour lui, rien a priori ne devrait incliner plutôt en faveur de la pluralité des mondes habités que contre elle.

Salviati : Cela est vrai, mais c'est seulement parce que Rostand n'a point assez réfléchi à l'universalité du principe copernicien. Or nous avons abondamment argumenté sur ce point, et vous-même sembliez reconnaître l'imparable évidence.

---

[46] 1894-1977, célèbre biologiste et penseur.

[47] Inquiétudes d'un biologiste, Stock, Le Livre de Poche, 1967, pp. 50-51.

Simplicio : Soit. J'admets que chacun de mes arguments jusqu'ici énoncé n'ait rien de décisif – comme ceux avancés pour réfuter la présence de vie fossile sur ALH 84001 – alors que l'ensemble, vous le verrez, me paraît digne d'intérêt.
Écoutons encore le Signor Rostand, qui fit cette réflexion restée inaperçue depuis quarante ans, bien avant l'argument du « gâchis d'espace » que l'on trouve dans le film « Contact »[48] :
« Sans doute, si nous avions créé l'univers, n'y aurions-nous pas laissé tant de place vide… Mais cet argument d'économie n'est-il pas, lui aussi, entaché d'anthropomorphisme ? »[49]. Voilà qui justifie et complète à merveille, ce me semble, la citation précédente. Un seul aphorisme, et toute l'argumentation des partisans de SETI s'écroule comme château de cartes, vaincue par la stratégie même qui fit son succès !

Sagredo : Voilà, il est vrai, un assez joli retournement. Cela me fait songer à un exemple, non d'anthropocentrisme, mais de culturocentrisme, si j'ose m'exprimer ainsi, en ce sens qu'une culture donnée, à l'intérieur même de l'espèce humaine, tend facilement à se croire universelle. Ainsi le Père jésuite et astronome Matteo Ricci, venu en Chine vers la fin du XVIe siècle avec ses confrères, fut-il surpris de constater que l'art pictural chinois ne partageait point les canons esthétiques de l'occident. Les peintures chinoises comprenaient de grands espaces vides qui, non seulement faisaient partie des critères de la beauté chinoise, mais comportaient aussi une signification spirituelle. Si dans la seule société humaine, certaines idées considérées comme évidentes et universelles par telle communauté ne le sont point pour une autre, à plus forte raison peut-on douter de l'universalité de présupposés humains, lorsqu'ils prétendent s'appliquer à l'univers tout entier !
Dans quelle mesure, cependant, l'habile argument du signor Simplicio s'avère-t-il une simple gesticulations oratoire ou, au contraire, traduit-il une réalité profonde ? Qu'en dites-vous, Signor Salviati ?

Salviati : Je dis que la question est trop importante pour être ainsi évacuée par une habile manœuvre argumentatoire, si séduisante soit-elle. Car si l'on

---

48 Film de Robert Zemeckis sorti en 1997, basé sur le roman de Carl Sagan ; le rôle principal est joué par Jodie Foster.
49 « Inquiétudes d'un biologiste », Stock, Le Livre de Poche,1967, p. 51.

accepte un tel argument, alors ici s'arrête la discussion et il ne nous reste plus qu'à nous en aller vaquer à notre jardin. Cassé le ressort de la curiosité, brisé l'élan de la recherche, embourbée la motivation de l'explication, noyée l'espérance d'une rencontre d'autres formes de vie : nous voilà figés à jamais en une atterrante passivité, prêts pour un nouveau sommeil de la recherche et de la curiosité humaines : un nouveau Moyen Age nous attend, qui promet d'être bien plus ténébreux encore que celui qui nous précède, mais qui portait au moins en lui les germes d'une Renaissance !

Simplicio : Avouez néanmoins que la petite question de Jean Rostand est parfaitement fondée, et qu'il vous est bien difficile de ne pas acquiescer à la réponse qu'elle suggère, à savoir que l'argument d'économie d'espace est nécessairement anthropocentrique. Il en résulte évidemment qu'il est irrecevable, selon l'argumentation même du principe de banalité. La chose n'est-elle pas irréfutable ?

Salviati : En effet, Signor Simplicio : la chose est irréfutable, tant et si bien qu'elle échappe au domaine de la science et donc au domaine de la discussion rationnelle. Il est bien connu que les fausses sciences sont, d'une certaine manière, irréfutables, tant qu'elles se cantonnent à l'intérieur même de leur propre système : elles jouissent d'une certaine cohérence interne, en sorte que les différentes parties du système se font écho l'une à l'autre en une sorte de symphonie qui, si l'on ne prend garde de s'attacher solidement au mât inébranlable de la raison, peut être perçue comme un irrésistible chant de sirène. Mais vient-on à comparer leurs prétentions aux principes connus et acquis par ailleurs, ainsi qu'au simple bon sens, alors l'envoûtante symphonie s'abâtardit en une pénible et ignoble cacophonie. Ainsi l'astrologue peut-il, pour affiner son système, ajouter maisons aux signes, équants aux ascendants, voire satellites aux planètes (j'anticipe!), cela apparaîtra à ses propres yeux comme de louables innovations, témoignant que son art est apte à progresser aussi bien que n'importe quelle science. Viendrait-il à prendre du recul au point de comparer les règles de son art avec les plus élémentaires résultats de l'astronomie – ce dont l'instinct même de survie l'en gardera presque infailliblement – les écailles lui tomberaient des yeux et il verrait l'incompatibilité radicale qui sépare à tout jamais l'astronomie de l'astrologie.

En conséquence, j'ai appris à me méfier des raisonnements absolument irréfutables, car l'honnête science est généralement moins assurée en superficie alors même que ses racines sont profondes. Votre argument, Signor Simplicio, me laisse ainsi songeur en ce qu'il me paraît trop irréfutable pour être absolument honnête.

Sagredo : Cela me fait penser à l'œuvre fameuse de Sir Karl Popper[50], ce philosophe des sciences illustrissime, qui consacra une bonne part de sa carrière à définir les critères qui permettent de distinguer la vraie science de la fausse. Le principal critère qu'il mit en évidence est ce qu'il appela précisément la *réfutabilité* : selon lui, une théorie scientifique utile, donc véritable, possède l'avantage apparemment paradoxal d'être réfutable, c'est-à-dire accessible à vérification et éventuellement à réfutation. Une mauvaise théorie, ou une pseudo-théorie, elle, est invérifiable en ce sens.

Simplicio : Vous avez raison, et les auteurs qui ont le mieux résumé l'oeuvre de Karl Popper à cet égard sont sans nul doute Thomas Gold[51] : « pour qu'une théorie ait quelque valeur, il faut qu'elle soit vulnérable »[52] et Fred Hoyle[53] :
« En science, le but ne consiste pas à bâtir une théorie entourée de telles conditions protectrices que personne ne peut l'approcher. Le but est de bâtir une théorie exposée aux attaques de l'observation dans autant de directions que possible et qui parvient ensuite à survivre. »[54]
Partant de là, il est intéressant d'examiner laquelle des deux hypothèses est la plus « scientifique » au sens de Popper :
1. Les E.T. existent, ou bien :
2. Les E.T. n'existent pas
Examinez donc la chose vous-même et dites-moi votre conclusion.

---

[50] 1902-1994.
[51] 1920-2004, astrophysicien d'origine autrichienne, qui collabora avec F. Hoyle sur la cosmologie de l'état stationnaire.
[52] Cité par Fred Hoyle dans « Aux frontières de l'astronomie », Buchet/Castel, Corrêa, Paris, 1956, p. 379.
[53] 1915-2001, célèbre astrophysicien et cosmologiste britannique.
[54] « Aux frontières de l'astronomie », Buchet/Castel, Corrêa, Paris, 1956, p. 379.

Salviati : Ma foi, force m'est de reconnaître que l'hypothèse 1, qui a pourtant ma faveur, ne peut être dans ce contexte considérée comme scientifique, puisqu'aucune observation ne peut être imaginée qui la réfuterait. Le fameux slogan de Sagan "une absence de preuve n'est pas une preuve d'absence" l'exprime bien.
Par contre, il est manifeste que l'hypothèse 2 est toujours à la merci d'une réfutation immédiate, qui prendrait effet dès la détection ne fût-ce que d'un seul message d'origine manifestement intelligente et extraterrestre. *Stricto sensu*, c'est donc l'hypothèse 2 qui est scientifique alors que l'hypothèse 1 ne peut l'être.
Mais dites-moi, Signor Simplicio, ne seriez-vous pas surpris incontinent en flagrant délit de pédantisme ? Après tout, que nous apprend un tel sophisme, sinon que peut-être, la question de la pluralité des mondes est quelque peu à la périphérie de la science, précisément à cause de son importance remarquable ? Nous disions justement au début de la première journée que notre question touchait à la philosophie et à la métaphysique : ce n'est que cela que vous touchez du doigt avec votre logique d'épicier.

Simplicio : Que ce soit pédant ou non, peut me chaut. Je vois simplement que, si l'application du principe copernicien à l'humanité est logique, comme vous le mentionnâtes si puissamment, alors le caractère non scientifique de l'hypothèse selon laquelle d'autres humanités existent dans l'univers ne l'est pas moins. A quoi bon se voiler la face devant l'évidence? il faut bien l'admettre pour acquise.

Sagredo : Nous voilà devant une situation qui me rappelle ces fameux paradoxes du type : "Tous les crétois sont menteurs... et c'est un crétois qui le dit : la proposition est-elle vraie ou fausse ?". Signor Simplicio, vous parliez tout à l'heure de recul. Êtes-vous sûr d'en avoir assez pris ? Il en faut plus pour nous convaincre de notre solitude au sein de cet univers infini. Après tout, il ne suffit pas de prouver qu'une question n'est pas de nature strictement scientifique pour lui enlever toute pertinence. Si je dis "Belle marquise, vos beaux yeux me font mourir d'amour", je ne prétends nullement énoncer une vérité scientifique, et pourtant il ne fait aucun doute que cette proposition demeure de la plus haute pertinence.

Simplicio : Eh bien, ce n'est déjà point une mince affaire que de montrer le caractère non strictement scientifique de SETI ! Il ne s'agit pas là d'antiSETIsme primaire, mais de la reconnaissance honnête d'un état de fait qui reste bien trop souvent caché, ou dont la plupart des hommes de science n'ont tout simplement pas conscience. Combien de fois n'a-t-on pas vu SETI présenté comme une démarche entièrement scientifique, alors qu'elle en a surtout – et peut-être seulement – les apparences ? Ne faudrait-il pas, pour l'honneur et pour le salut même de la science, avouer bien haut et bien clairement que, malgré toutes les précautions et toute la bonne volonté possibles, SETI n'est pas, ne peut être et ne saurait être jamais une entreprise véritablement scientifique ?
Vous n'y voyez que radioastronomes compétents et honnêtes (et assurément le sont-ils), gros radiotélescopes d'avant-garde, récepteurs multi-canaux issus d'une technologie de pointe... certes, certes; le vulgaire ne peut qu'opiner béatement, ébahi par si considérable étalage. Mais je vois aussi que la technique ne suffit pas à faire la science : l'attitude, la méthode et même l'objet la font bien davantage. Je ne doute point de la sincérité ni de l'honnêteté des chercheurs de SETI, là n'est pas la question. Mais souvenez-vous que les astrologues eux-mêmes avancent candidement – ou machiavéliquement, peu importe – le prétendu caractère scientifique de leur art sous le fallacieux prétexte qu'ils utilisent des éphémérides tout à fait scientifiquement établies, ou encore font un large usage des ordinateurs. De même, la technologie ne serait-elle pas, en quelque sorte, « l'excuse » ou l'alibi de SETI ?

Salviati : Diantre, Signor Simplicio, voilà une attaque bien grave et bien inconsidérée de SETI ! C'est une provocation dont l'outrance dessert votre position. L'astrologue trompe le peuple en vue de gain facile, tandis que les chercheurs de SETI ont en vue un but absolument noble, qui est de répondre comme ils le peuvent, mais aussi bien qu'on peut le concevoir, à une interrogation millénaire du genre humain! L'amalgame dont vous venez de vous rendre coupable dessert la cause de la science et offre une brèche à ses ennemis!

Simplicio : Encore une fois, je répète que je ne doute aucunement de la sincérité des chercheurs SETI, tandis que je doute comme vous de celle des astrologues. Ce que je voulais dire et que je maintiens, c'est que l'on a accordé un peu vite le statut de science à part entière à SETI, alors qu'on eût dû y réfléchir à deux fois avant de le faire. Nonobstant la sympathie et même l'admiration que j'ai pour la foi, l'audace et la ténacité des promoteurs de SETI, je maintiens que leur démarche n'est point véritablement scientifique, comme vous-même venez de le découvrir malgré vous. Et je maintiens aussi qu'il ne s'agit pas là d'un détail sans importance, mais au contraire d'un point crucial. J'irais même jusqu'à considérer SETI comme le cheval de Troie des pseudo-sciences, tout scandaleux que cela puisse vous paraître de prime abord. En effet, ce n'est pas en l'attaquant de front que les ennemis de la science que vous évoquiez, Signor Salviati, y feront une brèche réellement dangereuse. Mais c'est en l'investissant de l'intérieur, en y entrant par la grande porte, avec l'approbation non seulement naïve ou distraite, mais encore véhémente de ses plus dignes représentants, que ses ennemis la vaincront de manière irréparable et définitive. Et de même qu'il fallut agrandir la porte de Troie pour y faire pénétrer le fameux cheval, de même les plus grandes autorités de la science sont, déjà, en train d'agrandir la brèche à la muraille pour accueillir ce qui va les détruire.

Sagredo : Ces propos alarmistes sont bien malvenus et prématurés, me semble-t-il. Vous prenez-vous pour Laocoon, Signor Simplicio ? En ce cas, craignez que l'hydre ne surgisse incontinent pour vous enlacer et vous entraîner dans les abîmes !

Salviati : Nous nous étions réunis en vue d'une civile conversation, et nous voilà plongés subitement en ce qui ressemble fâcheusement à quelque délire paranoïaque. Diantre, Signor Simplicio, resaisissez-vous, et veuille le Ciel vous accorder quelque sérénité ainsi que la capacité de vous expliquer! Nous sommes sceptiques, déçus même par l'étrange tournure de votre discours mais, néanmoins, tout ouïe. Veuillez donc préciser votre pensée et rassurer nos esprits inquiets en éclairant des aspects qui nous auraient échappé.

Simplicio : Il est vrai que je viens de m'emballer à l'excès. Tâchons donc d'expliquer les choses posément. Pour cela, je vous propose d'imaginer deux chercheurs scientifiques-type, chacun poursuivant à sa manière l'exploration du monde. Tous deux sont d'égale intelligence et d'égale habileté, seuls diffèrent leurs présupposés. Tandis que le premier suppose, sans doute inconsciemment, que lui et l'humanité dont il est issu sont les seuls êtres pensants de l'univers, le second suppose, fort consciemment lui, qu'il existe ailleurs dans l'immense espace, d'autres êtres pensants et d'autres humanités. Tandis que le premier s'attelle uniquement à décrire l'univers qui s'offre à ses investigations et à en comprendre les mécanismes, le second, s'il fait de même, songe aussi à y découvrir ses semblables (ou presque semblables), soit directement en recevant un de leurs messages, soit indirectement en observant les traces qu'ils ont laissées dans l'univers.

A présent, observons comment chacun d'eux va pratiquer la science, en général et dans un problème particulier.

Le premier va considérer tout ce qu'il voit sous l'angle des sciences naturelles. Ayant la foi en la cohérence de l'univers, il va chercher à mettre en évidence des lois, et à expliquer en fonction d'elles tous les phénomènes qu'il constate. Il ne se laisse nullement effrayer par « le silence éternel de ces espaces infinis » (selon l'expression du Signor Pascal[55]) mais trouve au contraire un tel silence apaisant, tout en sachant bien qu'il n'est en rien absolu : il sait reconnaître le murmure de la nature. Supposons maintenant que notre chercheur découvre le premier pulsar, comme Jocelyne Bell en 1967 : à l'aide d'un radiotélescope, il voit qu'une source d'émission radio envoie des impulsions très courtes avec la régularité d'une horloge à quartz. Comment va-t-il interpréter le phénomène ?

Sagredo : Rien de bien mystérieux ici : il va suivre à peu près le cours historique des choses, et aboutir comme on le sait à la conclusion que la radio-source est une étoile à neutrons.

Simplicio : Voilà qui est exact. Mais examinons la démarche plus en détail :

- Tout d'abord, les impulsions sont très courtes et contrastées. Elles doivent donc avoir été émises par un objet petit, d'une maigre fraction de seconde-lumière seulement, sans quoi l'impulsion serait étalée et peu contrastée par le seul effet de la vitesse finie de la lumière (et même dans le cas favorable où la variation d'éclat radio aurait lieu simultanément sur toute l'étendue de l'objet, cette simultanéité parfaite

[55] 1623-1662.

n'étant pas la moindre étrangeté du phénomène). L'objet ne peut donc être une galaxie mais doit plutôt être de nature stellaire ; il faut même qu'il soit sensiblement plus petit que le Soleil, dont le seul rayon vaut déjà plus de deux secondes-lumière.

- Une étoile simple peut varier en éclat essentiellement pour deux causes : ou bien en pulsant, ou bien en tournant, si elle présente des taches. Les pulsations d'une étoile normale seraient trop lentes, de même que celles d'une naine blanche. Celles d'une étoile à neutrons seraient trop rapides. Reste la rotation. Mais une étoile normale qui tournerait avec une période si courte éclaterait par l'effet de la force centrifuge, puisque chaque élément de volume à sa surface serait animé d'une vitesse supérieure à la vitesse de libération. Il en va de même pour la naine blanche, pourtant aussi petite que la Terre. Par contre, une étoile à neutrons, où 1,4 fois la masse du Soleil sont concentrées dans une sphère de 15 km seulement, peut tourner encore plus vite sans que la force centrifuge n'atteigne une valeur comparable à celle de gravité, même à l'équateur.

Sagredo : Ainsi notre homme va-t-il conclure assez vite que l'étrange radio-source qu'il vient d'observer doit probablement avoir pour origine une étoile à neutrons en rotation rapide.

Simplicio : Oui, et des observations ultérieures lui permettront de détecter d'autres de ces « pulsars ». A la longue, il trouvera un ou plusieurs pulsars binaires qui lui permettront de confirmer son hypothèse et même de tester avec une merveilleuse précision les prédictions de la théorie de la relativité générale d'Einstein.

Salviati : Jusqu'ici rien d'inattendu ni d'extravagant, et je vous suis, bien évidemment. Mais où donc voulez-vous en venir ?

Simplicio : Observons alors l'attitude du second chercheur…

Salviati : ... qui va être en tous points semblable à celle du premier, n'est-ce pas, puisqu'il s'agit aussi bien d'un homme de science qui connaît son métier ?

Simplicio : Pas tout à fait, car ses présupposés ne sont pas les mêmes et il les prend très au sérieux – ce qui n'est peut-être pas exactement le cas, je l'admets, des chercheurs SETI en chair et en os ; rappelons cependant que nous traitons ici le cas d'un chercheur idéal.
Or, si notre chercheur est parfaitement cohérent avec ses présupposés, il devra d'abord se demander si le signal qu'il reçoit est d'origine naturelle ou artificielle. Ainsi, dès l'entrée en matière doit-il tenir compte de l'hypothèse extraterrestre et se trouve-t-il devant une sorte de bifurcation : ou bien il choisit la filière « naturelle », auquel cas il aboutira évidemment aux mêmes conclusions que notre premier chercheur ; ou bien il choisit la filière « artificielle » et il aboutit à peu près à n'importe quelle conclusion, pour la bonne raison que cette filière ne le mènera en réalité nulle part. Et pourtant, elle ne peut être *a priori* taxée d'extravagante – ni même *a posteriori* (c'est-à-dire après qu'une explication naturelle ait été jugée satisfaisante), après tout.
Ainsi, l'« explication » artificielle peut très bien consister à dire que ces « pulsars » sont des horloges galactiques ; et que la variation subite de leur période, constatée plus tard, n'est qu'une sorte de remise à l'heure dont la raison exacte reste à découvrir. Ou bien, ce sont des phares ou des balises destinées à guider les vaisseaux interstellaires de l'empire galactique. Ou encore, ce pourrait être des sondes interstellaires primitives destinées simplement à attirer l'attention des civilisations attardées comme la nôtre, et les inciter à rejoindre le « club galactique » cher à Ron Bracewell[56]. De toute manière, puisque notre second chercheur est tenu d'examiner l'hypothèse E.T. en plus de l'hypothèse naturelle, sa science progressera au mieux deux fois moins vite que celle du premier, en admettant que le temps consacré à chacune des deux hypothèses soit le même, ce qui n'est pas sûr. Et au pire, notre homme va s'égarer complètement.

Sagredo : En somme, vous venez de dire qu'en élargissant le champ des investigations, la recherche avance plus lentement, ce qui équivaut à une proposition du Signor de Lapalisse. De même qu'un ouvrier met plus de temps à maîtriser une machine plus perfectionnée, qui lui permettra de réaliser de bien plus grandes choses, de même le chercheur qui inclut E.T.

[56] Né en 1921, Ronald N. Bracewell a été l'un des grands pionniers de la radioastronomie et publia plusieurs livres, dont « The Galactic Club : intelligent life in outer space », Portable Stanford : Alumni Association, 1974.

dans son champ de recherche y trouvera assurément plus de labeur, mais aussi des résultats infiniment plus beaux en fin de compte, qui le récompenseront largement de son investissement.

Simplicio : Je crains que nous ne nous comprenions pas encore véritablement. Mon propos est de montrer que l'enjeu ne se situe pas simplement sur un plan technique, ni même dans la pratique de la méthode scientifique, mais bien loin en amont de tout cela, au niveau extrêmement fondamental de l'épistémologie elle-même et de la conception même de la science. C'est ce qui se passe en amont qui commande ce qui se passe en aval, et non l'inverse. A ce titre, il convient d'être extrêmement attentif aux fondements ultimes de notre science, car ce sont eux, bien plus que notre ingéniosité technique, qui vont déterminer à long terme son succès ou son échec. Il convient aussi de rappeler ici ce que Jean Rostand disait des E.T. : « Il n'y a rien de plausible dans le pensable ». Or, pour le chercheur partisan de SETI, il n'y a rien qui ne soit pensable, et tout ce qui est pensable peut et même doit être envisagé comme plausible.

Salviati : Votre position frise dangereusement l'irréfutabilité, mais soit, j'admets que votre réflexion peut s'avérer intéressante. Poursuivez donc, s'il vous plaît, votre argumentation, car je ne suis point encore convaincu, loin s'en faut, par votre position. Je ne vois pas non plus en quoi elle menace la possibilité grandiose que les E.T. existent et que nous puissions le prouver.

Simplicio : Veuillez bien contempler la figure 4, qui résume le dilemme des bifurcations. Le premier chercheur parcourt résolument la branche gauche, dite naturelle. Le second, par contre, est contraint de parcourir aussi la branche droite. Même si, en son for intérieur, il doit admettre, dans l'exemple du pulsar, que l'explication naturelle suffit, rien ne l'empêchera jamais de revenir hanter la branche droite (ou « artificielle »), car il ne la quittera jamais qu'à regret.
Or, un fait d'une très haute importance mérite d'être souligné : c'est que le fait d'avoir parcouru la branche « naturelle » n'a pas pour autant permis au chercheur n° 1 (ni au n° 2 bien sûr) d'aboutir à une explication totale, définitive et achevée de l'émission des pulsars. Une fois admis le modèle de l'étoile à neutrons en rotation, encore faut-il comprendre pourquoi l'émission n'est pas isotrope mais au contraire confinée dans un faisceau étroit.

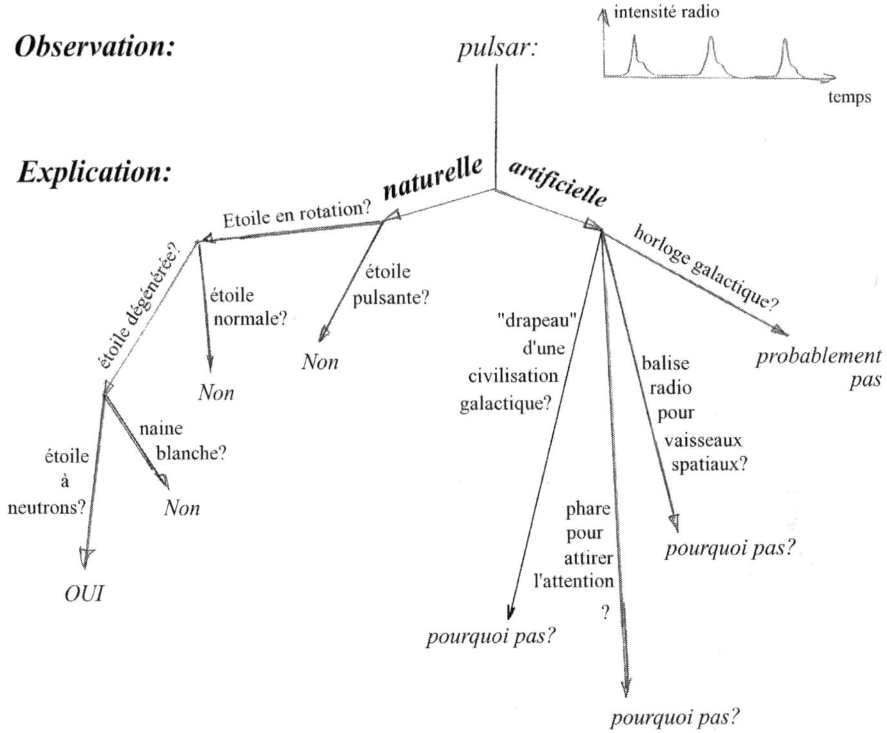

Figure 4. Dilemme de la bifurcation explication naturelle / explication artificielle, pour l'exemple des pulsars.

Sagredo : Ainsi faut-il postuler l'existence (vraisemblable il est vrai) d'un puissant champ magnétique dipolaire et d'un plasma entourant l'étoile à neutrons proprement dite, et supposer aussi que la Terre se trouve située, fort heureusement, dans la zone « éclairée » par ce phare tournant, ce qui suppose une certaine dose de chance…

Simplicio : Et quarante ans après la découverte de ces objets, même si les grands traits du modèle physique sont assez sûrs, bien des points obscurs restent à éclairer.
De manière symétrique, l'hypothèse E.T. ne peut être exclue d'emblée par certaines énigmes qui subsistent dans son cadre, comme le fait que la régularité des impulsions observées n'est guère meilleure que celle d'une de

nos horloges à quartz, exploit plutôt décevant pour des E.T. qui se respectent. Mais les voies d'E.T. sont insondables : que sait-on des intentions qu'ils avaient lorsqu'ils ont créé ces objets ? Voilà le problème : contrairement a la nature qui est soumise à des lois immuables, les E.T. sont doués de libre arbitre et accomplissent donc ce qu'ils veulent, quand ils le veulent. Rien ne les oblige à un comportement rigoureusement logique et cohérent – nous le voyons bien chez nous autres humains ! Ils peuvent être tantôt rigoureux et cohérents comme des ordinateurs, tantôt emphatiques comme Michel-Ange ou Delacroix, tantôt partisans de « l'Abstraction Lyrique » de Georges Mathieu[57]. Donc, leur comportement est essentiellement *imprévisible*, situation fâcheuse pour qui veut en faire un objet de recherche scientifique !

Salviati : Je perçois mieux votre propos, maintenant, mais il m'apparaît encore bien théorique. Après tout, les pulsars ont été découverts, ils ont été interprétés à juste titre comme des phénomènes naturels et nul ne songe, même à l'Institut SETI, à leur trouver encore le moindre lien avec d'hypothétiques êtres E.T. ! Le processus de la science est stable et bien loin des risques d'un dérapage incontrôlable !

Simplicio : C'est le cas maintenant encore, mais songez que la démarche SETI n'a qu'un demi-siècle, et est restée extrêmement marginale même jusqu'à aujourd'hui. Or, rappelez-vous qu'en 1967, à la faveur, précisément, de la découverte des pulsars, on a parlé des LGM[58] en plaisantant plus ou moins, certes. Mais on en parla quand même, et ce simple fait n'est pas innocent, même s'il fut vite oublié. Cela signifie que la possibilité d'une origine artificielle des pulsars n'était pas totalement exclue a priori des esprits, même scientifiques. C'est peut-être un minuscule détail historique, mais il n'est pas, dans notre contexte, dénué de signification.

Sagredo : Mais les chercheurs impliqués dans SETI savent bien le prix de l'honnête science, et n'iront point se précipiter dans d'insensées spéculations qui, à n'en point douter, causeraient leur ruine. Ce qu'ils

---

[57] Georges Mathieu, né en 1921, est un peintre connu pour s'être voulu en rupture aussi bien avec le classicisme qu'avec l'abstraction géométrique. Il a exécuté certaines de ses œuvres en quelques minutes seulement, parfois pour les détruire ensuite.

[58] Little Green Men : petits hommes verts.

cherchent, ce sont des messages explicites et patents, tels que celui envoyé naguère vers l'amas Messier 13. En ce cas, aucun danger de dérapage, et la science continue son bonhomme de chemin en attendant ledit message.

Simplicio : Je vous l'accorde en partie, mais en partie seulement. Il est bien connu qu'une seule ligne de recherche ne suffit pas, en général, à satisfaire les chercheurs, qui veulent attaquer un problème dans autant de directions que possible. Et d'autres directions n'ont pas manqué d'être proposées dans la littérature SETI. Elles sont d'ailleurs extrêmement intéressantes – peut-être pas pour les raisons que leurs auteurs supposaient – et je vous invite à en méditer quelques unes. Il y a quelque temps, le physicien Freeman Dyson[59] avait imaginé la situation d'une civilisation avancée qui serait capable d'exploiter la quasi-totalité de l'énergie de son soleil. En somme, le sommet de la politique écologique ! Pour ce faire, ladite civilisation devrait entourer son système solaire d'une sorte de nasse gigantesque mais extrêmement fine – toute la masse des planètes de leur système y passerait pour la confectionner – et capable d'intercepter la lumière de l'astre central pour la convertir en énergie utilisable. Toutefois, on sait bien qu'aucune conversion d'une forme d'énergie quelconque en une autre ne jouit d'un rendement de 100% et en fin de compte cette « sphère de Dyson », si elle cache effectivement le soleil central dans les ondes visibles, sera nécessairement émettrice de rayonnement infrarouge.

Sagredo : Il existe d'ailleurs, dans la nature, des systèmes semblables : étoiles jeunes encore entourées de leur « cocon » de poussières qui empêchent la lumière visible de sortir mais s'échauffent et réémettent dans l'infrarouge.

Simplicio : Ces sphère de Dyson devraient, toutefois, se distinguer des étoiles jeunes par le fait qu'elles ne seraient pas situées dans les zones de formation stellaire (en général confinées dans de grandes nébuleuses, comme celle d'Orion).
Or un astrophysicien japonais bien connu, Jon Jugaku, a cherché de telles « sphères de Dyson » sur la base de données récoltées par le satellite ISO

[59] Né en 1923, F. Dyson est professeur de physique à Princeton.

qui a observé le ciel dans l'infrarouge lointain[60]. Il n'a rien trouvé – fort heureusement pour lui, dirais-je. Car s'il avait trouvé quelque chose qui ressemblât un tant soit peu à la « prédiction » de Dyson, qu'aurait-il dû conclure ? Il eût été confronté au problème de bifurcation énoncé précédemment, qui est, qui était et qui restera à jamais insoluble.

Salviati : C'est pourquoi il faut continuer à chercher des messages explicites, sans se contenter de preuves ambiguës…

Simplicio : Nous en reparlerons, mais cela ne changera rien au fait que si des E.T. existent, alors ils doivent avoir laissé des traces quelque part dans l'univers, et ce sous une autre forme que des messages du genre « Oyez, frères humains, nous sommes là, bienvenue au club de la vie universelle ». Ces traces, il faudra bien un jour que nous y soyons confrontés, et cela pose un grave problème, qui est celui de la distinction entre « naturel » et « artificiel ». Où est la frontière ? comment la définir ? Les exemples du pulsar et de la sphère de Dyson montrent déjà, me semble-t-il, la difficulté du dilemme.
Mais on peut donner d'autres exemples encore plus frappants. Il suffit pour cela de parcourir, par exemple, la revue Icarus consacrée à la planétologie, mais dont le Signor Sagan fut éditeur. Ce détail permet de comprendre la présence de certains articles qui eussent, autrement, éprouvé quelque difficulté à paraître, par exemple celui de D. P. Whitmire[61]. Cet auteur imagine qu'une civilisation fortement consommatrice d'énergie nucléaire de fission, celle-là même que nous utilisons nous-mêmes couramment, a trouvé un moyen d'envoyer ses déchets nucléaires dans son soleil.

---

[60] Jugaku , J., Nishimura, S. , 1991, "A Search for Dyson Spheres Around Late-Type Stars in the IRAS Catalog", pp. 295-298 in Bioastronomy : The Search for Extraterrestiral Life – The Exploration Broadens, Proceedings of the 3rd International Symposium on Bioastronomy, Val Cenis, Savoie, France, June 18-23 1990, Heidmann, J. & Klein, M. J. (eds.), Springer-Verlag, Berlin. Voir aussi les articles précédents signalés en référence dans cet article, ainsi qu'un article plus récent de Richard A. Carrigan, Jr., « IRAS-based whole sky upper limit on Dyson spheres », 2008, FERMILAB-PUB-08-352-AD, accessible sur internet dans la base de donnée d'article d'astrophysique : arXiv :0811.2376.

[61] Whitmire, D. P., 1980, Icarus Vol. 42, p. 149 : « Nuclear waste spectrum as evidence of technological extraterrestrial civilizations ».

Sagredo : Pourquoi pas ? Voilà une solution idéale, même si elle reste impraticable pour nous autres terriens, à cause de l'énorme énergie qu'il faudrait pour arracher ces lourds déchets à l'attraction terrestre d'une part, puis pour les précipiter droit sur le Soleil.

Simplicio : Mais d'ingénieux E.T. peuvent tout faire et il est donc normal de supposer qu'ils ont surmonté cette difficulté. Qu'advient-il alors de leur soleil ? Le voilà pollué, tout simplement, et son atmosphère doit donc être enrichie de produits de fission, comme le plutonium et le césium. Ces éléments ont leur signature spectrale, si bien que nous devrions voir, dans le spectre de telles étoiles, leurs raies spectrales renforcées. Voilà qui est irréfutable, moyennant quelques considérations quantitatives. Peu importe la vraisemblance ou l'invraisemblance de la chose : le fait est qu'elle a été proposée, qu'il s'agit donc, dans la méthode scientifique revue et corrigée par le programme SETI, ou disons plutôt par le présupposé SETI qui en est à l'origine, d'une prédiction « théorique » si l'on peut dire, bien qu'en toute rigueur le comportement et les choix des E.T. ne peuvent faire l'objet d'aucune théorie.

Sagredo : Là, je vous arrête, car même pour l'étude de l'homme, des théories scientifiques commencent à voir le jour : même si elles sont encore dans l'enfance, des sciences comme la psychanalyse, la sociologie, les sciences cognitives et les neurosciences sont prometteuses.

Simplicio : A vrai dire, je doute qu'elles le soient dans le sens que vous croyez, mais nous y reviendrons. Laissez-moi encore évoquer un dernier exemple de « prédiction » dans le contexte SETI. Il s'agit cette fois d'un sujet biologique plutôt qu'astronomique. Souvenez-vous du fameux « paradoxe de Fermi » issu du fait, supposé avéré, qu'aucune trace du passage d'une civilisation extraterrestre n'existe sur notre Terre. Eh bien, deux auteurs japonais ont imaginé le contraire[62]. Ils proposent d'examiner attentivement l'ADN du bactériophage ϕX174 DNA pour voir s'il n'y aurait pas, inscrit dans celui-ci, quelque message à notre intention. De tels bactériophages ainsi génétiquement modifiés par les E.T. auraient pu être

---

62 Yokoo, H., Oshima, T., 1979, Icarus Vol. 38, p. 148 : « Is bacteriophage □X174 DNA a message from an extraterrestrial intelligence ? ».

largués d'une sonde spatiale automatique, peut-être même il y a fort longtemps, en attendant que notre technique s'affine et devienne capable de déchiffrer un tel message. Cela serait d'ailleurs plus facile, paradoxalement, que de trouver le message très explicite, mais qui n'existe qu'à un exemplaire, gravé sur une plaque disposée sur la sonde Pioneer 10, ou celui, semblable mais beaucoup plus complet, disposé sur les deux sondes Voyager. Ainsi, on élimine très simplement le paradoxe de Fermi, ce qui n'est pas très original en soi : combien de livres n'ont-ils pas été écrits pour « prouver » que les pyramides ou les statues de l'Ile de Pâques auraient été érigées par des E.T. ![63]. Mais l'idée de dissimuler un message dans le code génétique d'un organisme élémentaire est pour le moins amusante.

Sagredo : C'est même une idée folle, j'en conviens, puisque c'est manifestement à cette conclusion que vous cherchez à nous pousser. Mais après tout, les merveilles de la Nature elles-mêmes ont quelque chose de fou, pour qui sait encore s'en émerveiller. A plus forte raison doit-on s'attendre à d'apparentes folies si Dame Nature a peuplé son règne de créatures libres et intelligentes. Ne soyons pas frileux, et ne décrétons pas l'inexistence d'une chose sous le prétexte qu'elle paraît folle.

Salviati : Signor Sagredo, faites attention tout de même, car vous tenez là un langage qui nous est étrangement familier, hélas, tant il s'approche dangereusement du style des apologistes des pseudo-sciences ! Sachons garder tête froide et laissons le Signor Simplicio achever sa curieuse plaidoierie.

Simplicio : Rien n'est plus manifeste à mes yeux que la splendeur de la nature et je suis le premier à m'en émerveiller, voire à qualifier certaines de ses productions de folies, au sens de choses inconcevables. Néanmoins j'en constate aussi la cohérence, la stabilité profonde et l'harmonie, qui autorisent précisément notre esprit à s'instruire et à pratiquer la science, qui autrement resterait sans objet.
Le grand intérêt de l'idée que j'ai exposée, à savoir celui d'un ensemencement de la Terre par des bactériophages génétiquement

---

[63] En particulier les livres du Suisse Erich von Dæniken parus dès 1968 et qui se vendirent à des dizaines de millions d'exemplaires…

modifiés par des sondes E.T., est qu'il oblige à chercher des signes de l'existence des E.T. non seulement dans l'espace lointain, mais aussi dans notre environnement immédiat. Si le premier ne concerne que les astronomes, et nous étions habitués à cette idée, voilà que le second interpelle soudain toutes les sciences naturelles et même humaines : la biologie d'abord, bien évidemment. Mais si des sondes E.T. ont passé par là, pourquoi certaines ne se seraient-elles pas posées sur la Terre ou sur la Lune ? Et pourquoi n'auraient-elles pas érigé, au passage, quelque statue de l'Île de Pâques ou transporté un des énormes blocs de la terrasse de Baalbek ? Voilà soudain nos archéologues mis à contribution, et forcés en quelque sorte par le présupposé SETI à repenser ce qu'ils croyaient acquis.

Sagredo : Ne nous affolons pas, le bon sens et la sagesse des nations auront tôt fait d'amortir les folles et vaines spéculations. La Nature n'a-t-elle pas pourvu la plupart des êtres humains d'une stable et robuste raison ? Et les quelques charlatans qui en feraient douter ne sont-ils pas la bruyante exception qui confirme cette règle vitale dont l'évolution nous a pourvus ? Déjà Cicéron, en son temps, se gaussa des astrologues et ne fut certainement pas le seul. Après tout, considérant les choses de manière générale : repenser ce que l'on croyait acquis, n'est-ce pas là un exercice salutaire ? Et ce, d'autant plus pour l'homme de science ?

Simplicio : En général peut-être ; dans notre contexte, point. Ce qui est admis comme positif en général s'avère ici catastrophique. N'apercevez-vous donc pas poindre le spectre hideux, abject et pervers des tristes œuvres d'un Erich von Däniken ? Le problème n'est pas tant de contester, dans l'absolu, l'idée dite des « Anciens astronautes », que de souligner la stérilité radicale, rampante, active et cancéreuse d'une telle hypothèse. Acceptez la, et alors vous voilà pour toujours confronté au dilemme de la bifurcation entre cause naturelle et cause artificielle, comme je l'expliquais précédemment. Rejetez la, et reculent alors les ténèbres : la science devient possible.

Salviati : Ce qui me chicane, dans votre plaidoirie, c'est son aspect exclusif et catégorique, susceptible de favoriser, sinon de trahir, un certain extrémisme. Aucun homme de science digne de ce nom n'a pris le Signor von Däniken au sérieux, et la science n'en fut donc pas menacée. Quant

aux exobiologistes, radioastronomes et autres spécialistes qui espèrent, soit recevoir un message, soit détecter quelque trace laissée par les E.T., ce sont d'authentiques hommes de science et ils se garderont bien de tomber dans quelque piège que ce soit des pseudo-sciences.
Après tout, si les E.T. n'existent pas, comme vous semblez le suggérer, les gens de SETI ne sont-ils pas précisément les mieux placés pour le prouver, d'autant plus qu'eux affirment avec foi la thèse contraire ?

Simplicio : Je vous l'accorde entièrement, à ceci près qu'ils ne le prouveront jamais, comme nous l'avons déjà montré. Armés du slogan « une absence de preuve ne signifie pas une preuve d'absence », les voilà qui se condamnent eux-mêmes au supplice de Tantale : si quelque évènement laisse penser à une origine artificielle non humaine, les voilà excités pour un instant, jusqu'à ce qu'on fasse la preuve que le signal, radio par exemple, est d'origine humaine : satellite ou sonde spatiale. Mais si la preuve se fait attendre, alors les voilà au comble de la frustration, tant que l'évènement reste unique – et il le restera. Ainsi le projet SETI a-t-il gardé la mémoire de ce fameux signal radio baptisé « Wow ! » selon l'onomatopée enthousiaste de l'observateur de service. Ce signal, sans doute artificiel mais humain, est resté inexpliqué à ce jour et le restera certainement à jamais, et il n'est pas le seul de son espèce, à ce titre là[64].
Or, loin de prouver l'existence de civilisations E.T., ces signaux restés inexpliqués n'indiquent, d'après moi, que l'incapacité humaine à connaître absolument tout. Mais si cela est ainsi, c'est uniquement parce que je n'ai pas adopté le « présupposé SETI » : si vous l'adoptez, alors la cohérence et l'honnêteté vous contraignent à laisser la question en suspens, et à charger ces quelques fugitifs signaux d'autant de points d'interrogation qui scellent un doute perpétuel. Seules des raisons de propagande et le souci de présenter une image irréprochablement « sérieuse » de SETI, vous pousseront éventuellement à omettre ces points d'interrogation en public, suggérant une origine humaine au mystère.
Quant à mon opinion tranchée, je reconnais que l'absence prolongée de détection de messages E.T. ne peut qu'ajouter du poids à ma propre thèse et qu'à ce titre je ne peux qu'être reconnaissant aux partisans de SETI. Mon propos n'est point de condamner leur projet, mais d'en éclairer le

---

[64] Voir le livre de Shostak, S., Barnett, A. « Cosmic company. The search for life in the universe », Cambridge University Press, 2003.

caractère non scientifique. N'oubliez pas que, si les chercheurs du projet SETI sont, comme vous le dites, d'authentiques hommes de science, c'est bien parce qu'ils furent formés dans une culture véritablement scientifique, où l'on fait comme si les E.T. n'existaient pas. SETI n'a que cinquante ans, à peine plus d'une génération, et son fondateur principal, Frank Drake, est encore vivant et actif.
Ce que je vois non sans appréhension, c'est qu'au fond, il n'y a pas véritablement de différence de *nature* entre la culture SETI, d'une part, et la sous-culture qui a produit la théorie des « Anciens astronautes » d'autre part.

Salviati : Signor Simplicio ! vous vous gaussez ! pour qui vous prenez-vous ? Hâtez-vous de vous expliquer, sans quoi nous abandonnerons nos entretiens incontinent.

Sagredo : Choquante assimilation il est vrai, qui pourtant me rappelle un curieux détail rapporté par la Marquise à la suite d'un petit voyage en Helvétie centrale. Alors qu'entraînée par son insatiable curiosité, elle musardait dans le Parc des Mystères[65] sis non loin d'Interlaken, elle eut l'attention sollicitée par la question « sommes-nous seuls dans l'univers ? ». Elle vit là une description enthousiaste mais fidèle du programme SETI, avec un accent mis sur les traces possibles laissées par les E.T. dans notre Galaxie, dans notre système solaire ou même sur la Terre. Dans le jargon SETI, on parle plutôt d'artefacts, mais cela revient au même. On voit par là que ce parc, à vrai dire fort bien fait mais dont l'initiative revient au Signor von Däniken, tonitruant avocat de la « théorie » des « anciens astronautes », établit un lien très direct entre ces derniers et SETI, tout cela fort logiquement.

Salviati : Précisons que si lien il y a, c'est tout au plus avec cette seule tendance des milieux SETI, qui consiste à rechercher des artefacts dans la Galaxie, le système solaire, voire sur la Terre. Mais contrairement à l'autodidacte von Däniken, ces milieux n'iront point crier aux

---

[65] Le « Mystery Park », construit sur l'initiative de l'auteur à succès Erich von Däniken lui-même, présentait les grandes civilisations disparues et leurs œuvres grandioses (pyramides etc.) de manière spectaculaire, en suggérant habilement la possibilité qu'elles auraient pu être inspirées par des extraterrestres. Ce parc d'attraction a fait faillite en automne 2006.

extraterrestres avant d'avoir dûment contrôlé, pesé, médité, vérifié et considéré la preuve avec rigueur et compétence. Je ne vois rien d'autre ici que simple coïncidence, si ce n'est l'exploitation opportuniste d'une branche d'authentique science par une illusoire industrie, à l'image des astrologues se vantant d'utiliser des éphémérides irréprochablement scientifiques. Conclure à l'identité de nature des deux démarches me semble trahir une hâte coupable susceptible d'anesthésier la raison comme le jugement.

Sagredo : Laissez-moi remettre, en passant, les points sur les i : plutôt que d'illusoire industrie, je parlerais d'industrie de l'illusoire, dont l'expérience montre hélas l'ample prospérité.

Simplicio : N'ayez crainte, et recourez à votre mémoire, un bien tout aussi précieux que l'intelligence. Il y a une cinquantaine d'années, c'est-à-dire alors même que Frank Drake faisait œuvre de pionnier de SETI, parut un livre qui fit grand bruit, « Le matin des magiciens » de Louis Pauwels et Jacques Bergier[66]. Ce livre prônait le « réalisme fantastique » c'est-à-dire à peu près n'importe quoi qui fût « para quelque chose » aux yeux des auteurs et pseudo sérieux aux yeux des gens compétents. Entre autres bien sûr, il accordait une place de choix aux E.T.. Déjà, les auteurs de ce livre posaient implicitement le problème de la distinction entre origine naturelle ou artificielle d'un phénomène. A propos des étoiles binaires de type Algol, en effet, ils résolvaient un problème bien connu par l'action des E.T..

Salviati : Quel est donc ce problème ? Je n'avais point souvenir que Pauwels et Bergier eussent le toupet d'apporter réponse à une question astrophysique…

Simplicio : Eh bien, prenons l'étoile Algol, seconde en éclat de la constellation de Persée : elle est connue depuis longtemps comme variable, et la spectroscopie a permis de montrer qu'il s'agit en réalité d'un couple d'étoiles qui, tournant l'une autour de l'autre, cachent à nos yeux leur voisine à tour de rôle. C'est ce qu'on appelle une étoile binaire à éclipses, et il y en a de nombreuses. Or les deux membres du couples sont

[66] Gallimard, 1960.

contemporains : ils se sont nécessairement formés ensemble, car la mécanique céleste montre que, sauf rarissime exception, deux étoiles « célibataires » ne peuvent s'apparier, même si leurs trajectoires respectives les amènent tout près l'une de l'autre. Le problème vient donc de ce que, dans le couple en question, l'étoile la plus massive est aussi la plus petite et la plus chaude, tandis que la moins massive est grande et froide, alors que la théorie de l'évolution stellaire prévoit le contraire : l'étoile la plus massive doit évoluer plus vite et devenir géante rouge, tandis que la moins massive reste sur la séquence principale à brûler tranquillement son hydrogène, en restant relativement chaude.

Salviati : Oui, c'est le fameux problème des algolides, résolu en 1955 par John Crawford[67]. Mais encore ?

Simplicio : En effet, la solution réside dans le phénomène de *transfert de masse :* l'étoile la plus massive évolue effectivement plus vite, et voit son rayon augmenter ; ce faisant, la surface tournée vers son compagnon finit par ressentir davantage la gravité de celui-ci que celle de son étoile d'origine. Le gaz qui appartenait à l'étoile la plus massive tombe alors sur la moins massive, et le rapport des masses s'inverse : l'étoile la plus évoluée devient la moins massive à cause de cette perte et la plus petite devient non la plus grosse – car son volume reste modeste – mais la plus massive. Voilà l'explication fournie par ce que Pauwels et Bergier appelaient alors la « science officielle », instance à leurs yeux ténébreuse et obscurantiste, largement, sinon entièrement, occupée à couper les ailes de l'imagination des « vrais » hommes de science.
Imaginez maintenant l'explication que donne le « réalisme fantastique » de ce paradoxe : Si deux étoiles sont indissolublement liées par la gravitation alors qu'elles semblent avoir des âges très différents (ce qui est une autre manière d'énoncer le problème), eh bien, cela implique que des E.T. ont apparié artificiellement deux étoiles initialement solitaires, tout simplement ! De même que vous associez dans le même bouquet le coquelicot éphémère au chardon qui vit presque à toujours, de même les E.T. ont cueilli deux étoiles disparates pour les réunir en un bouquet qu'ils ont jugé harmonieux.

---

[67] Crawford, J. A., 1955, Astrophysical Journal Vol. 121, p. 71.

Sagredo : Voilà qui est fort poétique en effet, de même qu'impossible à réfuter. Et voilà qui évoque bien la nef des fous de Sébastien Brant[68] et de Jérôme Bosch[69] !

Simplicio : Cet exemple illustre à nouveau le dilemme des bifurcations, mais il fait aussi penser à ce critère de science que l'on appelle le rasoir d'Occam, en référence à ce moine, Guillaume d'Occam, qui énonça le principe d'économie d'hypothèses. Le rasoir d'Occam stipule qu'entre deux explications d'un phénomène, la plus simple a le plus de chance d'être la meilleure. En d'autres termes, l'explication qui nécessite le moins de suppositions possible est la meilleure. Dès lors, l'hypothèse du « réalisme fantastique » que je viens d'exposer, satisfait-elle le rasoir d'Occam ?

Salviati : Assurément non ! Puisque l'explication naturelle fonctionne, il devient singulièrement baroque de vouloir maintenir l'explication artificielle. C'est bien pour cela que je ne vois pas de problème avec SETI.

Simplicio : Vous avez raison, le rasoir d'Occam tranche en faveur de l'explication naturelle. Le problème, pour SETI, est qu'il va trancher de la sorte non seulement dans le cas des algolides, mais dans tous les cas, en sorte qu'il ne peut y avoir de science que débarrassée des E.T. !

Salviati : Votre démonstration semble logique. Néanmoins, je crains qu'il y soit cachée quelque faille, car rien n'est plus logique non plus que la généralisation du principe copernicien, laquelle mène à la conclusion contraire.

Sagredo : Olà ! pas si vite, car mon esprit s'embrouille. Pour être clair, Signor Simplicio, veuillez nous dire clairement, une fois pour toutes, votre conclusion. La conclusion du Signor Salviati est clairement qu'une foule de

---

[68] Sébastien Brant (1458-1521) : humaniste et auteur satirique alsacien. Il enseigna le droit à l'Université de Bâle. Il publia en 1494 le poème satirique *La nef des fous*, qui eut un succès retentissant.

[69] Hieronymus van Aken, dit Jérôme Bosch (v. 1453 – v. 1516) : peintre flamand, célèbre pour ses œuvres fantastiques ; on le considère parfois comme un précurseur du surréalisme.

civilisations E.T. devraient exister, en conséquence du principe copernicien. Et la vôtre serait que nous serions seuls dans l'univers ?

Simplicio : J'aime à spéculer, mais j'aime aussi tenir compte de ce que l'on peut observer sous nos yeux, et qu'on néglige parfois : or, je vois que la science, et en particulier l'astrophysique, fonctionne, progresse et prospère. Je vois aussi qu'à long terme, le présupposé qui fonde SETI frapperait à coup sûr toute science de déréliction. En conséquence, je propose, affirme et défends que notre humanité est effectivement la seule que l'univers contienne, car autrement, eh bien, l'astrophysique n'existerait pas.

Sagredo : Voilà une bien audacieuse conclusion ; d'aucuns la diraient même prétentieuse. Si je comprends bien, la merveilleuse science de l'univers qu'est l'astronomie devrait désormais, afin d'échapper à la menace obscurantiste, se priver de SETI, et donc pratiquer l'aSETIsme ? De nos jours, il y a peu de chances que votre proposition, Signor Simplicio, rencontre une large adhésion populaire. Cela dit, une question, toutefois, subsiste, c'est que d'éminents hommes de science, non seulement ont persévéré dans le programme SETI, mais encore étaient parfaitement conscients du rasoir d'Occam et même, sans doute, des problèmes qu'il cause au dit programme. Preuve en est le roman « Contact » de Carl Sagan[70], adapté au cinéma avec intelligence, et où le rasoir d'Occam est mentionné à bon escient plus d'une fois. Quelle est donc la foi qui anime ces chercheurs d'E.T. ? S'agit-il simplement de la foi dans le principe copernicien, ou bien sont-ils animés d'une foi « collatérale » si j'ose dire, et peut-être inconsciente ?

Simplicio : Oui, je crois utile de débattre des motivations profondes qui animent les chercheurs d'E.T., car il faut bien admettre que la recherche scientifique en général fonctionne souvent de manière peu rationnelle, comme l'a si bien souligné Arthur Koestler dans « Les somnambules » par exemple. A plus forte raison pour un domaine aussi spéculatif que SETI !

Salviati : Nous voilà insensiblement ramenés à ce vil serpent de mer qu'est l'éternel débat « science et foi », que tout homme de science digne de ce

[70] Pocket Books (Simon and Schuster), 1986.

nom ressent profondément comme la plus convaincante illustration de la lassitude et de l'ennui ! Cependant la foi demeure une réalité psychologique et sociale. Je consens donc à l'examiner d'un point de vue objectif et même scientifique. Le Ciel nous garde de sombrer dans les poncifs si désespérément coutumiers d'un sujet sempiternellement rabâché ! Sans quoi, je prendrai la liberté d'aller musarder en gondole afin que la brise marine emporte mon irritation.

Quatrième journée : Foi et croyances

Salviati : Voici une journée bien courte qui s'annonce, ce me semble, car comme vous le disiez hier, cher Sagredo, la foi de ceux qui espèrent découvrir un jour une civilisation E.T. se réduit essentiellement à la ferme confiance en la valeur du principe copernicien. Or, tout découle de là. Je ne vois point d'acte de foi supplémentaire, fût-il inconscient, qui devrait accompagner ou stimuler leur démarche. Celle-ci est bien assez rationnelle pour se passer de tout autre moteur, à mon avis, même si l'obstacle logique soulevé hier par le Signor Simplicio peut en effet laisser songeur. La subtilité de votre esprit, Signor Sagredo, ainsi que le recul que vous offrent vos entretiens avec la Marquise, vous ont-ils peut-être donné accès à des éléments qui m'auraient échappé ? Pour ma part, je demeure convaincu qu'entre l'hypothèse de la pluralité des mondes habités et l'hypothèse de notre solitude radicale, c'est la seconde et non la première qui tire sa force d'une foi irrationnelle en quelque dogme anachronique, inspiré par un fondamentalisme étriqué et ridicule.

Sagredo : Il demeure pourtant vrai que l'argument des bifurcations et de la prospérité de l'astrophysique, avancé par le Signor Simplicio, relève bien de la logique et non d'un dogme a priori. Si la conclusion de l'argument vient conforter quelque foi de nature religieuse ou même quelque dogme, il s'agit là d'une sorte de gratification *a posteriori*, mais non pas du moteur de l'argument. Vous ai-je bien compris, Signor Simplicio ?

Simplicio : Tout à fait, et je ne chercherai point à voiler ma jubilation par une feinte indifférence, comme si j'étais fait du marbre de Carrare et que l'assurance de reposer sur le roc d'une vérité objective m'emplît d'une sérénité olympienne. Tous nous sommes faits de chair, de sang et aussi d'aspirations vers l'absolu, de conscient et d'inconscient, de rationnel et d'irrationnel. Plutôt que de nier cette part irrationnelle de mon humble personne, il me parait plus raisonnable, précisément, de la reconnaître et de lui donner la place qu'elle mérite, tout en l'encadrant dans une foi précise et bien définie qu'autrui aussi bien que moi-même reconnaissons pour telle. Or, certains n'exposent pas si aisément cette part irrationnelle d'eux-mêmes, qu'un examen attentif permet néanmoins de déceler à la fin. « Chassez le naturel, il revient au galop », comme l'écrivit Philippe Destouches[71]. C'est bien ce qui arrive à certains chantres de la rationalité exclusive, ce qui n'enlève rien, d'ailleurs, à la valeur d'icelle quand elle est bien comprise.

Salviati : Tout cela, j'en conviens, Signor Simplicio. Mais où donc voulez-vous en venir, et en quoi vos propos concernent-ils notre débat sur la pluralité des mondes ?

Simplicio : Un peu de patience, Signor Salviati, laissez-moi le temps de présenter les éléments qui me poussent, quant à moi, à penser que ce n'est pas tant la foi au principe copernicien qui meut SETI ; que cette foi, généralement considérée comme première, pourrait bien s'avérer seconde, supplantée qu'elle est par quelque chose de plus fort et que je vais tâcher de vous exposer, si vous le voulez bien.

Sagredo : Nous sommes là pour cela, Signor Simplicio. Continuez s'il vous plaît, nous sommes tout ouïe.

Simplicio : Il est passionnant de parcourir la littérature consacrée à SETI et apparentée, car on y trouve non seulement une foule d'idées baroques et fantastiques – qui d'ailleurs, ont souvent été exprimées avant même que le projet SETI existe – mais aussi de signes discrets de préoccupations millénaires que je qualifierais de religieuses. Prenons quelques exemples. Tout d'abord, dans une série de conférences données à Washington par Fred Hoyle pour la Fondation John Danz et publiées sous le titres « Hommes et galaxies »[72], on trouve une discussion sur la pluralité des mondes suivie de cette étrange paraphrase du Psaume 121 : « Je lèverai les yeux vers le ciel, le ciel d'où me vient le secours ». Et l'auteur de conclure

---

[71] Philippe Néricault Destouches (1680 – 1754) : comédien et auteur dramatique français, qui exerça aussi la diplomatie. La citation est issue de sa pièce *Les Glorieux* (III, 5).
[72] Dunod, Paris, 1969 ; traduit par Chantal de Richemont.

« peut-être en sera-t-il ainsi ! ». Le contexte ne laisse aucun doute, il s'agit bien du ciel astronomique, fourmillant de soleils et de planètes habitées, et non pas du ciel spirituel que serait le Royaume de Dieu. Or, que dit en réalité l'Ecriture ? « Je lève les yeux vers les montagnes… d'où me viendra le secours ? Le secours me vient de l'Eternel, qui a fait les cieux et la terre… ». On voit donc bien là que Fred Hoyle, grand astrophysicien devant l'Eternel – rappelez-vous qu'il a frôlé le Prix Nobel – remplace implicitement mais clairement Ce Dernier par les E.T., frayant allègrement en cela la voie au Signor Erich von Däniken qui, lui, mériterait sans conteste un Prix Nobel de la fantaisie.

Salviati : Holà, Signor Simplicio ! comment osez-vous salir la mémoire de l'un des plus grands astrophysiciens du XXe siècle ? S'il est vrai que le Signor Hoyle fut un original et parfois un iconoclaste, son œuvre n'a rien à voir avec celle d'un illusionniste. Il est manifeste que parmi les innombrables idées qu'il fit bourgeonner, certaines s'avèrent stériles ou même ridicules, mais c'est le lot normal d'une pensée flamboyante, dont le caractère fécond l'emporte infiniment sur les quelques échecs. Ces derniers restent accidentels et accessoires, tandis que l'imposture forme au contraire l'essentiel de l'œuvre de von Däniken, de manière constante et persévérante. Ne mélangeons pas torchons et serviettes !

Simplicio : Mais j'adhère entièrement à votre propos, Signor Salviati ! A la seule différence que je ne tiens point pour anodin l'un des égarements de Hoyle, que vous jugez accidentel et accessoire tandis que je l'estime révélateur, même si je le reconnais aussi marginal devant l'œuvre magnifique de ce grand astronome.
Il est révélateur en ce qu'il dévoile bien autre chose qu'une préoccupation rationnelle : il témoigne de rien moins que d'une *espérance messianique*, même si la chose n'est qu'effleurée, et de manière légère. Voilà pourquoi je discerne dans SETI bien plus qu'une simple démarche rationnelle et scientifique, et voilà pourquoi la foi rentre par la fenêtre après qu'on l'ait chassée par la porte.

Sagredo : « Et voilà pourquoi votre fille est muette ! »… serait tenté d'ajouter un esprit taquin. Votre démonstration me semble basée sur de bien maigres indices, Signor Simplicio, et il nous faudrait bien davantage pour emporter notre acquiescement. Après tout, le Signor Hoyle, malgré de nombreux et magnifiques travaux fondamentaux, s'est signalé aussi par d'éclatantes absurdités, comme son affirmation selon laquelle le fossile de l'archéoptérix eût été un faux, ou ses bactéries interstellaires auxquelles aucun spécialiste ne croit. Étayez donc, de peur que je ne reste sur ma faim et que ce soir, la Marquise ne meure d'ennui.

Simplicio : Laissez-moi donc poursuivre, car il ne s'agissait que de se mettre en bouche. Voulez-vous des étais, des contreforts et des arcs-boutants ? Les voici encore, bien que vous-mêmes y fîtes allusion au début de nos entretiens. Un des plus célèbres avocats de SETI, le regretté Carl Sagan, écrivit ceci en 1979 au sujet d'un éventuel message radio de E.T. : « Le cas le plus probable est que le message viendra d'une civilisation dotée d'une technologie bien supérieure. Ainsi, avant même de décoder un tel message, nous aurons acquis une connaissance de valeur inestimable, à savoir qu'il est possible de surmonter les dangers de la période d'adolescence technologique que nous sommes en train de traverser. »[73]. Il faisait allusion, entre autres, au danger de guerre nucléaire généralisée que le climat géopolitique faisait craindre alors. Il est manifeste que pour lui, E.T. joue ici le rôle de révélateur de l'avenir, et ces deux initiales pourraient donc même se référer au nom d'une astrologue célèbre dans le monde francophone plutôt que de signifier ExtraTerrestre. Et comme pour l'astrologue, le message annonce davantage une issue, une possibilité, qu'une nécessité : « les astres inclinent mais ne contraignent pas », aiment à dire les astrologues soucieux de leur infaillibilité ! Car la révélation nous dirait en somme « voyez, il est possible de traverser les crises engendrées par les progrès scientifiques et techniques, faites attention et tout ira bien »

Sagredo : C'est là, il est vrai, exactement ce que les gens ont envie d'entendre !

Simplicio : Mais Sagan est encore plus explicite dans sa foi : « Il est possible qu'un des premiers messages contienne des prescriptions détaillées pour éviter le désastre technologique, pour un passage au travers de l'adolescence vers la maturité ». Autrement dit, Sagan n'attendait rien

[73] Cosmic Search, Vol. 1, No 2, March 1979, pp. 2-8 (citations traduites par l'auteur).

moins qu'un message de salut. Il s'agit là d'un salut collectif et non encore d'un salut individuel, mais il s'agit bien de salut quand même. Si le moindre doute subsistait, Sagan l'efface aussitôt en disant encore : « Peut-être les transmissions venant de civilisations avancées décriront quelles pistes d'évolution culturelle sont susceptibles de conduire à la stabilité et à la longévité d'une espèce intelligente, et quelles autres pistes conduisent à la stagnation, à la dégénérescence ou au désastre. Peut-être y a-t-il des solutions claires et bien définies mais encore inconnues sur Terre, aux problèmes de manque de nourriture, de croissance de population, de sources d'énergie, de baisse des ressources de toutes sortes, de pollution et de guerre. Il n'y a bien sûr aucune garantie que tel soit le contenu d'un message interstellaire ; mais il serait téméraire de négliger une telle possibilité [...]. Peut-être cela est-il improbable, mais il est assurément possible que l'avenir de la civilisation humaine dépende de la réception et du décodage de messages interstellaires ». Comment être plus explicite ? Il est intéressant de remarquer que, tout compte fait, la chose n'est guère nouvelle : un auteur fort lucide a pu écrire en effet : « Depuis le début du XIXe siècle, l'Amérique avait vu naître de nombreuses communautés utopiques où l'on tentait de communiquer avec le monde invisible afin d'obtenir des instructions sur les principes de l'organisation de la société idéale »[74]. Chercher des signaux radio paraît bien entendu plus sérieux que de faire tourner des tables, mais le but essentiel et final ne serait-il pas le même ? E.T. pourrait donc être notre Sauveur ; « alors, comment pourrons-nous échapper nous-même au châtiment si nous négligeons un si grand salut ? », pour reprendre les termes mêmes de l'apôtre[75] !

Salviati : Soit, vous venez là de démontrer que le Signor Sagan était animé d'une espérance que l'on pourrait qualifier de messianique, et qui est bien typique d'une certaine naïveté et du légendaire optimisme américains. Cela dit, les déclarations que vous citez, Signor Simplicio, restent de la responsabilité de Carl Sagan et n'engagent nullement la communauté SETI tout entière. Je persiste à penser qu'il s'agit là d'un aspect mineur et accessoire de la question, et qui n'enlève rien à l'importance de celle-ci : sommes-nous seuls, oui ou non, dans l'univers ?

---

[74] Wiktor Stoczkowski, « Des hommes, des dieux et des extraterrestres », Flammarion, 1999, p. 164.

[75] Epître aux Hébreux chap. 2, verset 3.

Simplicio : Soit, admettons que Carl Sagan et Fred Hoyle furent des originaux qui sont allés un peu trop loin dans la spéculation et même dans le langage religieux. Il est vrai que le Signor Frank Drake, lui, semble être resté plus prudent. Seulement, ce que je vois et que je souligne, c'est que la question qui nous occupe et que vous répétez, Signor Salviati, est justement une question de nature religieuse essentiellement, même si l'on tient à n'y voir qu'une question de nature scientifique. Voyons les choses en face et sans a priori : toujours et partout, en filigrane, en arrière-plan, en catimini se profile dans la littérature SETI cet espèce de Mr Hyde du Dr. Jekyll de la science, l'aspect religieux inavoué mais omniprésent de la question : dans le « Que sais-je ? » consacré à « La recherche de la vie dans l'univers »[76] par exemple, les auteurs désignent leur sujet comme « le plus grand espoir de l'humanité »[77]. Et dans la description du projet Cyclops[78], les auteurs exposent ici et là exactement la même argumentation que Carl Sagan, allant jusqu'à parler du « salut de l'espèce humaine »[79]. Dans un livre très récent[80], Peter Ulmschneider discute la nature de E.T. et affirme, sur la base d'une extrapolation tout à fait raisonnable de l'évolution darwinienne, que des E.T. en avance d'un milliard d'années sur nous « doivent être essentiellement semblables à Dieu, avec des facultés qui confinent à l'omniscience et à l'omnipotence »[81] ! Conclusion évidente et logique, une fois admise la possibilité d'existence des E.T., et qui servit précisément de tremplin au Signor von Däniken et à ses semblables, pour ne point parler des soucoupistes de France, de Navarre et d'ailleurs. Si la boite de Pandore est ouverte par ceux-là même qui se posent en avocats de la vraie science – Carl Sagan combattit la fausse avec courage, opiniâtreté et talent – qui donc la refermera ?

---

[76] Nathalie A. Cabrol et Edmond A. Grin, Presses Universitaires de France, 2000.

[77] Ibid., p. 108.

[78] Bernard Oliver et J. Billingham, eds., « Project Cyclops », Moffett Field, Calif., 1971. Le projet Cyclops, jamais réalisé, devait consister en un immense réseau de radiotélescopes, dédié à la recherche SETI.

[79] cité dans « The biological universe ; the twentieth-century extraterrestrial life debate and the limits of science », Steven J. Dick, Cambridge University Press, 1996, p. 509.

[80] « Intelligent life in the universe ; from common origins to the future of humanity », Springer, 2003.

[81] Ibid., p. 209.

Salviati : Soit, votre catalogue d'expressions confinant au religieux est incontestable, je le reconnais. Reconnaissez aussi, Signor Simplicio, que plus une question est importante pour la pensée humaine, plus aisément le religion viendra s'y mêler, et souvent de façon inconsciente. Ainsi fonctionne l'âme humaine, pleine encore d'atavisme de l'homme primitif prisonnier de superstitions tenaces. C'est précisément l'ambition de SETI, que d'envisager le problème sous l'angle scientifique afin de prévenir le sommeil de la raison et de couper les ailes aux monstres qu'il ne manquerait point d'engendrer.
De plus, on peut aussi trouver un langage quasi religieux en d'autres domaines que SETI, comme la médecine par exemple. Ainsi la découverte de traitements efficaces contre des maladies actuellement incurables comme le cancer, le sida etc. est-elle volontiers qualifiée de « grand espoir de l'humanité », ce qui n'ôte rien à la valeur de telles recherches.

Simplicio : La différence reste immense, toutefois, entre votre exemple médical et le messianisme dont je parle. Dans votre exemple, l'espoir est particulier, local dans l'espace des problèmes qu'affronte l'humanité. Il est vrai que si la santé va, bien des choses vont mieux aussi, du moins à l'échelle des individus. Mais les maux de l'humanité ne sauraient se réduire au seul aspect de la santé des corps, tant l'importance des maux de l'âme est grande. La perspective de la découverte d'humanités-sœurs est d'une portée autrement plus noble, plus majestueuse et plus excitante qu'une simple amélioration de l'hygiène et de la santé publiques, et elle porte en son sein un enthousiasme, une jubilation si propre à exciter le sentiment religieux que je ne lui vois guère de concurrent sérieux à cet égard.

Sagredo : En somme, c'est SETI ou rien : pour vous, Signor Salviati, force est d'affronter la question avec courage, au risque de quelques dérapages religieux peut-être, mais de dérapages contrôlés. Autrement, le vide laissé par la science eût tôt fait de se voir envahir par les charlatans, qui, d'ailleurs, ont déjà bien assez investi ce terrain miné. Alors que pour vous, Signor Simplicio, le fait même de porter intérêt à la question de la pluralité des mondes habités porte déjà l'odeur du soufre et menace de corrompre insidieusement une science qui devrait demeurer à toujours immaculée. L'argument du vide à combler me semble toutefois assez fort. Qu'en dites-vous, Signor Simplicio ?

Simplicio : Je ne dis point que la question de la pluralité des mondes habités ne puisse aucunement concerner la science : à bien des égards au contraire, la méthode scientifique touche cette question, puisqu'elle est seule à pouvoir préciser la valeur de la plupart des facteurs de la formule de Drake. Ce que je prétends par contre, est qu'il est impossible de répondre à la question de manière scientifique, pour les raisons que j'ai déjà exposées. Cela est d'ailleurs lié à la question de savoir si tout peut être objet d'investigation scientifique, ou non. Or j'affirme que non, fort de l'exemple des bifurcations énoncé précédemment : partie à l'assaut de la nature, la science croît, se fortifie et prospère. Mais partie à l'assaut de l'intelligence, de la liberté et de la souveraine volonté de ceux-là mêmes qui l'exercent, hommes ou E.T., alors elle ne peut que s'étioler, s'aplatir et disparaître, comme un chien qui s'attaquerait à son maître et s'en trouverait alors privé de direction comme de raison d'être.

Salviati : Foin de la vaine philosophie ! Seul compte le résultat. Et pour l'obtenir cherchons, cherchons encore et toujours !

Simplicio : Il est facile de dire « il faut chercher ». La « quête » des partisans de SETI pourra toujours être considérée à la rigueur comme scientifique… tant qu'ils ne trouveront rien ! Mais en général, le but de celui qui cherche est de trouver, et nul ne chercherait s'il ne pouvait entretenir l'espoir d'un aboutissement. Dans le cas de SETI, on se voit dans cet état paradoxal où l'on ne devrait plus dire, comme le barbare aux Romains : « vae victis ! »[82] mais bien « vae victoribus ! »[83] . Que la question de la pluralité des mondes habités puisse être qualifiée de scientifique, peut-être. Mais à l'instant même où le message attendu portera la réponse positive, alors tout se passera comme si une fée transformait soudain, de sa baguette magique, le merveilleux carrosse de la question scientifique en la citrouille pitoyable d'une question tout autre, qui sera tout sauf scientifique : que signifie le message reçu au juste, quelles sont les mœurs de ces gens, quel commerce entretenir avec eux, que nous apprendront-ils, quels changements culturels viendront à l'humanité en suite de cet événement ? Toutes questions fort honorables et nécessaires, politiques

---

[82] « Malheur aux vaincus ! », exclamation du chef des Gaulois Brennus à l'adresse des Romains.

[83] « Malheur aux vainqueurs ! ».

certainement, philosophiques sans doute, mais de solide et saine science, point. Imaginez-vous donc en possession du Graal, c'est-à-dire du fameux message de E.T. espéré de si longue date : qu'allez-vous en faire ? de la science ? Allons donc !

Salviati : Peut-être pas, puisque alors nous entrerons dans un registre différent, celui de la communication avec des êtres doués de raison comme nous, mais qui auront tant de choses passionnantes à nous apprendre ! Communication n'est pas science, mais il n'y a point de science sans communication, et notre science continuera son chemin comme avant, et sans doute mieux qu'avant. La découverte des Indiens d'Amérique n'a en rien menacé notre civilisation, et nous avons bien vite communiqué avec eux malgré la différence considérable de langue et de culture, même si quelques esprits attardés ont cru bon de poser la folle question de savoir s'ils avaient une âme. Il en ira de même des E.T. : dès la réception d'un message manifestement artificiel, nous saurons d'emblée, comme le dit Sagan, que des civilisations existent ailleurs, ce qui est déjà considérable en soi ; et les obstacles épistémologiques que vous évoquiez, Signor Simplicio, fonderont comme neige au soleil de l'évidence.

Sagredo : J'abonde en ce sens. A la question fort simple mais essentielle « y a-t-il, oui ou non, d'autres êtres pensants dans les espaces infinis ? », l'univers lassé et vaincu finira bien par nous répondre « oui ! » par la bouche d'iceux, fût-ce dans un murmure.

Salviati : Jamais Nature n'aura eu à céder si profond secret à l'homme insatiable : loin du naufrage de la science prophétisé sous la perverse influence des vapeurs frileuses de l'obscurantisme, il s'agira au contraire de son triomphe, de son apothéose, de sa consécration, mérités par un exploit titanesque ! De la science, encore de la science, toujours de la science et rien que de la science : elle découvre, puis elle étudie ce qu'elle vient de dévoiler. Ainsi en ira-t-il de E.T. : une fois détecté, eh bien, il s'agira d'en faire la sociologie, ou tout autre discipline créée peut-être pour l'occasion, qui sait ? Quand Michel Mayor et son équipe détectèrent la première planète extra-solaire, ils déclenchèrent un vaste mouvement scientifique, un vaste intérêt pour l'étude des systèmes planétaires qui, détectés désormais par dizaines et même par centaines, se prêtent aux études statistiques. Un nouveau champ de l'astrophysique fut ouvert, tout bourgeonnant et bourdonnant d'activité, engendrant des fruits savoureux ! Pourquoi n'en serait-il point de même pour E.T. ?

Sagredo : Il y a néanmoins quelque chose d'ennuyeux dans cette affaire, sur quoi j'aimerais entendre votre avis à tous deux. C'est que, vu les distances considérables en jeu, le dialogue sera nécessairement long et difficile : même si nous répondons à l'instant, ce ne sont que plusieurs siècles plus tard que notre missive arrivera aux destinataires, et deux fois plus longtemps après que eux nous aient envoyé leur message ! S'en souviendront-ils ? leur société sera-t-elle suffisamment stable et douée de mémoire pour donner sens à notre réponse ? et la nôtre répondra-t-elle aussi à cette exigence, lorsqu'il s'agira de recueillir leur réponse ? Le dialogue est facile de vive voix, il est possible dans le cas épistolaire quand les délais atteignent des mois, mais il devient difficile lorsque les délais se chiffrent en années. Sera-t-il seulement possible sur des siècles, des millénaires ? Voilà ce me semble une grave difficulté qui pourrait bien tempérer l'enthousiasme des cohortes de SETI.

Salviati : Soit dit en passant, vos prétendues « cohortes de SETI » sont bien moins nombreuses que ne le suggère le terme. Seule une infime minorité d'astronomes en font partie.

Simplicio : C'est précisément là que je voulais en venir. Imaginez donc le tableau : le Graal nous tombe du ciel, nous le déchiffrons incontinent, et nous confions notre réponse à l'éther sans tarder, dans la plus optimiste des hypothèses. Après cela, notre frustration ne peut qu'atteindre son comble, à moins que la Providence E.T. veuille bien nous gratifier de toute une théorie de messages successifs à intervalles de, disons, quelques années, afin de nous tenir en haleine et fortifier notre foi.

Salviati : Avant de poursuivre, Signor Simplicio, veuillez prendre note des progrès de la science auxquels votre vision attardée du monde semble vous rendre imperméable : l'éther, ce milieu de nature mystérieuse qui eût du servir de support à la propagation des ondes électromagnétiques de la même manière que le son se propage dans un support matériel, solide, liquide ou gazeux, cet éther, dis-je, n'existe pas, comme l'ont si bien montré Michelson et Morley il y a plus d'un siècle. Un peu de rigueur, que diable !

Simplicio : C'était, bien entendu, façon de parler. Tout en rendant un juste hommage à votre érudition, Signor Salviati, force m'est de souhaiter encore et toujours que poésie et science puissent continuer à faire bon ménage. La rigueur n'est pas si étrangère à la poésie, d'ailleurs, qu'un regard superficiel pourrait le faire croire : la forme très contraignante du sonnet en témoigne, qui fit fleurir d'incomparables bijoux. Si par accident je me permets de dire « le soleil se couche », nul ne songera jamais à me le reprocher sous prétexte que la science a désigné le mouvement de la Terre, et non du Soleil, comme cause de ce poétique événement. Il faudrait s'avérer le plus mal inspiré des pédants, ou le plus distrait d'entre eux, pour croire utile un semblable rappel.
Pour en revenir à notre sujet, je remarquais l'importance pour E.T. de soutenir notre attention par des messages successifs et judicieusement distribués dans le temps. Sinon, nous voilà réduits et forcés à une funeste oisiveté, dont seul un travail d'exégèse approfondi saura nous sortir éventuellement. Une exégèse de la Révélation E.T., bien entendu, dont le caractère unique lui confèrera infailliblement un statut sacré. Pendant des siècles, il faudra « garder le dépôt », comme le dit encore l'apôtre[84], garantir le message de toute corruption et le transmettre avec soin aux générations suivantes.

Salviati : La simple garde du texte original est une question technique et ne devrait pas présenter problème, bien que nul ne connaisse exactement la fiabilité à long terme de nos supports informatiques modernes tels que disques durs, CD, DVD ou bandes magnétiques.

Simplicio : Quant aux réflexions sur la signification du message, ce que j'en appelle l'exégèse, nombreux seront sans doute les intellectuels qui s'y attèleront, du moins au début. Ce seront d'abord les hommes de science, je le suppute, tant ils seront pressés de trouver le message utilitaire mais salvateur qu'espérait Carl Sagan, ou d'autres indications d'ordre scientifique et technique. Puis viendront des philosophes et d'autres

---

[84] I Timothée chap. 6, v. 20.

penseurs plus familiers des belles lettres, qui tenteront de discerner l'éventuel contenu moral et spirituel de la révélation. Il est vrai que le menu peuple se lassera probablement très vite de l'énigme, tant il est accoutumé à la chaîne ininterrompue des informations dont on le gave et dont l'une chasse l'autre aussitôt. Même parmi les penseurs, l'enthousiasme risque de décroître exponentiellement, si bien que l'exercice restera vraisemblablement l'apanage de quelques irréductibles écoles académiques, dont il est bien difficile de prévoir le sort. Néanmoins, si ces milieux réussissent à survivre, à rayonner et à se perpétuer, ils acquerront une reconnaissance internationale. Peut-être verrons-nous fleurir un peu l'équivalent des ordres monastiques du Moyen-Âge : en effet, qui sera chargé de l'exégèse, de la garde et de la transmission de la Parole, sinon une sorte de caste de prêtres ? Une caste formée sans doute d'hommes de science de renom, mais peut-être aussi de représentants du monde politique, dans le cadre de l'UNESCO, voire de l'ONU. En un mot, on verra se développer, inévitablement, une sorte de théologie des E.T., pour le moins, si ce n'est même un culte.

Sagredo : Ainsi, selon votre vision pessimiste, le triomphe de la raison, qu'illustre si bien le principe copernicien, finirait par engendrer les monstres de l'obscurantisme par son excès même, avec encore plus d'efficace que son sommeil ! Il faut bien convenir, après tout, que la chose s'est déjà produite maintes fois, au travers de diverses idéologies, sur cette nef des fous qu'est notre petit point bleu pâle, notre planète Terre.

Salviati : Voilà qui laisse songeur, en effet, mais résulte d'une anticipation, qui équivaut, en langage de science, à une extrapolation. Or tout homme de science ne peut qu'éprouver grande réticence envers quelque extrapolation que ce soit, si vraisemblable qu'elle paraisse, et préfère suspendre son jugement.

Simplicio : Assurément, tant que l'on reste au niveau des grands principes. Néanmoins, dans la pratique toute science progresse à coup d'extrapolations appelées bien sûr à être soit confirmées soit réfutées par l'observation ou l'expérience. Et rappelez-vous, Signor Salviati, que toute la question qui nous occupe résulte exactement d'une extrapolation, celle du principe copernicien. Donc, ou bien l'on accepte d'anticiper et d'envisager, sous la conduite d'une imagination raisonnée, les problèmes qui vont se présenter, ou bien toute notre discussion doit s'arrêter là par défaut de raison d'être. Je ne doute aucunement que certains préfèreraient ne point du tout entrer en matière, mais le mal est fait, si j'ose dire. SETI est en marche : buvons donc franchement la ciguë jusqu'à la lie, au lieu de contempler la coupe en attendant qu'un autre nous y contraigne. Explorons les conséquences ultimes de la démarche, puisque celle-ci se présente comme logique et raisonnable.

Salviati : Eh bien, cher ami, je tremble à l'ouïe des horreurs que vous évoquâtes, et plus encore à celles dont vous risquez de nous accabler tantôt. Souvenez-vous que les Écritures, dont vous faites si grand cas, nous avertissent que nous seront jugés pour les vaines paroles que nous auront prononcées. Même pour les agnostiques et les athées, nos paroles seront un jour sanctionnées par l'histoire, si ce n'est par le Seigneur de la Terre et des Cieux. Poursuivez donc, et nous verrons bien si vos propos résistent aux outrages du temps.

Simplicio : Laissez-moi évoquer encore une curieuse analogie entre la démarche SETI et la foi chrétienne : vous ouïtes parler du célèbre pari du Signor Pascal[85], aussi fameux dans les cercles de la théologie que le paradoxe de Fermi dans ceux de SETI. En deux mots, le dit pari tient en ceci : parions que Dieu existe, et conformons donc notre vie à ce postulat. Si à notre mort il s'avère que Dieu existe en effet, alors nous aurons tout gagné, mais dans le cas contraire nous n'aurons rien perdu, puisque nous aurons au moins la satisfaction et le mérite d'une vie vertueuse.
A présent, que disent les zélateurs de SETI ? Parions que E.T. existe, et cherchons le donc de tout notre cœur – inconsciemment encouragés, ajouterais-je, par cette parole bien connue que tout homme de science pourrait prendre à son compte : « qui cherche trouve ». S'il existe, alors nous le trouverons tôt ou tard, fût-ce à une date fort lointaine, et nous serons sauvés, admis et incorporés dans la grande Fraternité galactique (ou extragalactique, mais là il faudra plus de patience encore), et le pari est gagné. S'il n'existe pas, nous n'aurons rien perdu, car les investissements technologiques et scientifiques auront de toute manière produit moult

[85] 1623-1662.

résultats, et notre sens des responsabilités vis-à-vis de notre fragile petite planète, unique berceau d'une vie développée, en sortira puissamment fortifié.
Rien de nouveau sous le soleil, disait déjà l'Ecclésiaste : on dirait bien que les zélateurs de SETI rejouent une pièce écrite depuis longtemps, avec une interprétation originale, certes.

Sagredo : On pourrait répondre à cela que le pari de Pascal n'est qu'une forme théologique de quelque chose de beaucoup plus général, que l'on pourrait nommer le pari de l'élan vital. Toute entreprise nécessite une certaine audace, car l'issue n'est jamais entièrement garantie. Toute entreprise est donc une sorte de pari, et il faut bien que celui qui en est le sujet se rassure en évaluant les rapports respectifs du succès et de l'échec. Envisagé de telle manière, le pari de Pascal n'est qu'un avatar théologique d'un principe universel, si bien que l'analogie entre la démarche de SETI et le pari de Pascal perd sa connotation religieuse : l'entreprise SETI devient elle-même un avatar du pari de l'élan vital et non une pâle copie du pari de Pascal, et l'avocat du diable jubile.

Simplicio : Voilà qui est inexact, parce que toute entreprise n'est point sans risque : elle relève en général d'un pari réel, c'est-à-dire qu'il s'agit soit de gagner, soit de perdre. Or, ce n'est pas le cas du pari de Pascal, qui présente justement l'avantage et l'originalité de ne présenter aucun risque vital. C'est en quelque sorte un pari qui n'en est pas un. C'est pourquoi on en trouve l'analogue dans la rhétorique de SETI : ce programme a l'ambition de prouver l'existence de E.T. comme d'autres ont la prétention de prouver l'existence de Dieu ou, tout au moins, de prouver la pertinence de le chercher. Pour cela, il importe d'amenuiser aux yeux des mécréants ce qui leur apparaît comme une prétention outrancière, en leur montrant les avantages minimaux garantis en cas de résultat négatif. Si on trouve, nous aurons gagné le gros lot ; si on ne trouve pas, cela même constituera en soit un résultat et nous seront consolés par toutes sortes de résultats annexes.

Sagredo : Mais cela n'est-il pas la description même de tout programme scientifique ? Tout programme de recherche peut aboutir ou non, et rares sont les cas où le fait de n'avoir point trouvé ce que l'on pensait ne nous apprend rien !

Simplicio : Pas tout à fait, car en général l'investigation scientifique se fait pas à pas, avec prudence et patience ; elle n'est point amie des raccourcis fulgurants, fussent-ils qualifiés de géniaux par les impatients. Or ici, voilà SETI en train de vouloir vérifier illico une chaîne de spéculations en vérité fort longue, comme le suggère si bien la formule de Drake que nous avions discutée. Si nous savons depuis peu que les planètes sont fréquentes dans l'univers, nous ignorons encore totalement comment la vie a pu apparaître. Et malgré le scénario, fort vraisemblable vu de loin, de l'évolution darwinienne, on ne voit guère encore comment passer de quelque organisme élémentaire comme le virus à des mammifères aussi étrangement compliqués que l'homme. Et l'on ne voit guère mieux comment acquérir le virus à partir d'une matière inerte, contiendrait-elle des substances dites organiques, comme les fameux acides aminés issus de la non moins fameuse expérience de Miller. On accepte de se faire crédit, comme dirait le Signor Jean Rostand, c'est-à-dire de ne point comprendre les « détails » d'une évolution aux résultats sidérants, pour viser droit au but final. En réalité, l'enjeu est plus que vital : en religion, le salut et la vie éternelle ; en SETI, le sceau scientifique à une doctrine philosophique, sorte de « nihil obstat » moderne.

Sagredo : Mais dans un cas comme dans l'autre, l'importance même de l'enjeu conduit les prosélytes à imaginer le moyen de le rendre moins tranchant et par là même plus attrayant, en montrant que l'on est gagnant à tous les coups. C'est en cela que réside l'analogie, si je vous suis bien.

Simplicio : C'est bien ce que j'entends. On peut toujours esquiver l'analogie avec le pari pascalien en tentant de la réduire à une insignifiance, comme vous venez de le faire, tant que ladite analogie reste un argument isolé. Mais uni aux arguments précédents, ce que l'on pourrait appeler le « pari de Sagan » forme un faisceau éblouissant qui pointe avec insistance vers E.T.-Sauveur et Seigneur, vers E.T.-Messie, même si ce n'est point vers E.T.-Créateur-de-l'univers.
Et l'on peut encore ajouter à ce faisceau un trait particulièrement frappant, que nous avons déjà évoqué dans un autre contexte. Il est courant, dans le débat science-foi, d'évoquer avec ironie le Dieu-bouche-trous, « God-of-the-gaps » des anglo-saxons : notre science étant nécessairement partielle et incomplète, de graves et béantes lacunes subsistent dans notre

compréhension du monde, que nous sommes tentés de remplir en faisant appel à l'action divine directe. Ainsi, avant que vous évoquâtes, Signor Salviati, le principe d'inertie, pouvait-on croire que des anges poussaient les planètes sur leurs orbes. L'ennui de cette conception est que, au fur et à mesure des progrès de la science, les lacunes se comblent et le pauvre « Dieu-des-lacunes » de se ratatiner comme peau de chagrin, à la grande jubilation des libres-penseurs et au grand dam des charbonniers. Le contre-argument classique consiste à dire que les progrès de la science suscitent davantage de questions qu'ils n'en résolvent, mais il ne convainc guère que les convertis ; cependant, là n'est pas mon propos.
Ce qui frappe ici l'observateur averti, c'est que dans le contexte SETI, dont le statut a atteint le stade du « scientifiquement correct » au sens d'une certaine idéologie scientifique tacite et implicite, on admet tout à fait la notion de « E.T.-of-the-gaps – E.T.-des-lacunes » , contraint par la force des choses, tout en restant assez discret là-dessus.

Salviati : Évitons les confusions, Signor Simplicio ! Que Robert Charroux, Erich von Däniken et leurs émules se vautrent sans pudeur dans le stupre d'une telle voie de facilité, cela éclate aux yeux de tous, ou du moins cela devrait-il en être ainsi. Mais que des Schklovskij, Drake, Morrison et autres savants compétents et sérieux en viennent là, permettez-moi d'en douter : Carl Sagan n'a-t-il pas croisé le fer avec le tristement célèbre Emmanuel Velikovsky, auteur de théories farfelues sur l'histoire du système solaire, et avec les créationnistes, ces chrétiens protestants fondamentalistes qui, prenant la Genèse au pied de la lettre, ont l'impudence de prétendre prouver scientifiquement que le monde n'aurait que 6000 ans d'âge ? Même si l'on peut reprocher aux promoteurs de SETI une certaine naïveté dans leur enthousiasme, ils savent donc bien discerner la vraie science de la fausse, et la voie de la raison de celle de la fantaisie.

Simplicio : Les écrits restent, consultons-les donc. Citons une fois de plus Carl Sagan[86] : « Notre situation n'est-elle pas plus proche de celle des sociétés isolées d'Amazonie, par exemple, qui ne disposent pas des outils nécessaires pour détecter le puissant trafic international d'ondes radio et télévision qui les enveloppe ? Aussi, il y a un large spectre de phénomènes

---

[86] « The Quest for Extraterrestrial Intelligence », Cosmic Search, March 1979, p. 2.

incomplètement compris en astronomie. La modulation des pulsars ou la source d'énergie des quasars pourrait-elle avoir une origine technologique ? » Laissez-moi souligner cette dernière phrase : si cela n'est pas E.T.-of-the-gaps, alors qu'est-ce ?

Salviati : Attention, ne gommons point une nuance d'importance. C'est qu'invoquer un fait inexpliqué à l'appui de la thèse de l'existence de E.T. n'est point la même démarche que celle qui consiste à lui laisser en fin de compte, et pour ainsi dire accessoirement, la clef ultime des mystères qui subsistent après une explication du monde construite au moyen des lois de la physique. En d'autres termes, celui qui veut expliquer l'univers en termes physiques et n'y arrive pas entièrement, invoquera peut-être alors E.T.-of-the-gaps, comme d'autres invoqueront God-of-the-gaps. Les deux attitudes ne sont pas entièrement équivalentes, car la seconde n'invoque le Dieu-des-lacunes que pour achever l'esthétique d'une synthèse réussie, si je puis dire, tandis que la première suppose E.T. l'objet majeur et *sine qua non* de son investigation, en tâchant de fournir à cette dernière les indices les plus divers, les plus communs comme les plus étranges, non sans courir le risque d'une suspension provisoire de la raison qui pourrait donner à croire à une fatale abdication. C'est bien dans la première démarche que se situe l'interrogation du Signor Sagan, dont l'esprit bouillonnant d'idées recense avec ardeur tous les indices possibles, à la manière noble et intense du héros de Sir Conan Doyle, mais non dans la seconde qui ne cherche que plate et complaisante harmonie courtisane.

Simplicio : La nuance existe, je vous le concède. Est-elle pour autant pertinente ? Ou serait-elle au contraire un moyen de gagner du temps et d'éloigner l'esprit des questions cruciales mais gênantes ?
Convenez au moins que le seul fait d'admettre l'existence de E.T. nous entraîne, avec la force inéluctable du Destin antique, à reconnaître quelque part dans l'univers les signes d'une œuvre littéralement sur-naturelle, si limitée soit-elle, puisqu'elle serait le produit d'une volonté, d'un projet de créateurs pensants au lieu de l'être des seules lois physiques alliées au hasard et à la nécessité. Permettez alors que je réitère ma question : si la susdite spéculation saganienne ne relève point de E.T.-of-the-gaps, ou n'y mène point aussi sûrement que tout chemin mène a Rome, alors qu'est-ce ?

Sagredo : Eh bien, c'est une carotte pour les chercheurs ! Dans la perspective rationaliste, il est toujours possible d'exercer un certain cynisme en voyant la chose ainsi : l'homme étant, malheureusement, encore tributaire de certains atavismes primitifs, en particulier de l'espérance messianique, autant utiliser ceux-ci à bon escient, afin de motiver et d'activer une recherche à but conçu comme purement rationnel. Après tout, les astrologues tentent de mettre le rationnel au service de l'irrationnel et n'y réussissent que trop bien, comme nous le savons tous. Maintenant, il s'agit au contraire de mettre l'irrationnel au service du rationnel. Juste retour des choses ! N'est-ce pas là que justice ?

Simplicio : Cela dépend de quel irrationnel vous parlez. Quant à moi, je ne vois nul défaut en l'espérance messianique en soi, bien au contraire. Et même prétends-je qu'aucune motion de l'esprit humain ne se peut comprendre entièrement en termes strictement naturels et rationnels. La question finale est celle du bon usage, et, tout au fond, de l'amour du vrai. Lors d'un débat sur le thème « science et société », l'astrophysicien Jean Audouze avait défini, fort judicieusement à mon sens, la démarche scientifique comme « une école de vérité ». Peu importe ici qu'il s'agisse de vérité simplement matérielle plutôt que de hautes vérités spirituelles. Comme le dit notre Seigneur Jésus de Nazareth, celui qui est fidèle dans les petites choses l'est aussi dans les grandes. Il est donc dangereux de perdre de vue que le chercheur, croyant ou athée, doit être mû avant tout par l'amour de la vérité. Comment donc le motiver par un vulgaire mensonge ? Qui sème cynisme et tromperie récoltera de même, et au centuple.

Salviati : Cela est vrai, Signor Simplicio, mais à l'intérieur de votre système de pensée, qui exclut le pauvre E.T. a priori. Qu'adviendra-t-il de votre système au jour où E.T. se manifestera, s'il existe ? La moindre des choses ne serait-elle pas de construire une vision du monde qui laisse au moins place à la possibilité que E.T. existe ? Ne vous rendriez-vous point coupable de xénophobie cosmique, la plus ample qui se puisse concevoir, une méprisable E.T.phobie ? Adopter une vision plus ouverte de l'univers, c'est ce qu'ont fait naturellement les partisans de SETI et que nous tentons de maintenir dans notre discussion, sous peine de lui ôter tout objet.

Sagredo : De fait, c'est bel et bien le début d'une telle ouverture que le Signor Simplicio a vaillamment accompli, malgré sa répugnance naturelle, en nous contant naguère la parabole des deux chercheurs, l'un postulant l'existence de E.T. et l'autre non. Mais la parabole en question s'achevait par la déconvenue du premier, et devait nous emplir de doute quant à la réalité de E.T.. Quant au bon usage de l'irrationnel, je reconnais à la réflexion la difficulté, même le considérable danger, à prétendre mettre celui-ci au service d'une cause apparemment rationnelle, s'il est chargé de mensonge. Même si le mensonge n'est que potentiel, il est susceptible de faire planer un doute fâcheux et fort préjudiciable à la cause qu'il est censé servir. Nul doute que l'amour du vrai est la plus belle et la plus noble incitation à une recherche saine et désintéressée, cependant chacun estime vrai ce qu'il entend, et c'est ainsi que la foi des uns diffère de celle des autres. Discernez-vous d'autres parallèles, Signor Simplicio, entre l'enthousiasme des prêcheurs de SETI et la foi de nos pères ?

Simplicio : Je n'en ajouterai qu'un, car à vouloir trop prouver on ne prouve rien, et je répugnerais à vous lasser par une énumération vainement exhaustive. Examinons encore les propos de Carl Sagan, le plus doué certes des avocats de SETI : après avoir admis que les messages radio seront plutôt des monologues que des dialogues interstellaires, à cause des distances considérables en jeu, il souligne le caractère hautement désintéressé d'une civilisation qui aura choisi de dispenser son précieux enseignement sans espoir de reconnaissance, puis remarque : « Une civilisation qui a été aidée par la réception d'un tel message dans son passé pourrait souhaiter en faire bénéficier de la même manière d'autres sociétés en train de naître à la technique ». Et de poursuivre en décrivant un message fait de nombres premiers. Sans doute me voyez-vous venir : il y a, sertie dans la remarque de Sagan, la notion même de prosélytisme, non dans le sens négatif qu'on prête actuellement à cette notion, mais dans le sens noble et positif de partager une connaissance utile, indispensable et même vitale, et qui constitue l'essence même de l'annonce de l'Évangile. A ceci près que rien n'est certain dans SETI, même aux yeux de ses plus ardents défenseurs, tandis que l'Évangile est plus solide que le roc.

Salviati : Le Ciel vous entende et récompense mille fois votre touchante et absolue confiance. D'autres ne la partageront point si aisément. Quant à moi, je persiste à ne voir dans ces analogies religieuses que phénomènes périphériques et seconds, intéressants peut-être, regrettables sans doute. Notre question est la pluralité des mondes habités et elle demeure ; je ne veux rien savoir d'autre. Revenons donc à nos moutons.

Sagredo : En l'occurrence, nos moutons ne sont autres que « E.T.-of-the-gaps » ou « E.T.-des-lacunes » , entité protéiforme et bouche-trou qu'il est si pratique d'invoquer lorsque les lois de la physique semblent flancher et nous trahir dès que la Nature nous dévoile une de ses curiosités de derrière les fagots, si je puis me permettre si triviale expression. Trébuche-t-on sur un fait d'observation surprenant, sur une énigme à nulle autre pareille, en ce qu'elle irrite jusqu'à épuiser la patience du théoricien ? Qu'à cela ne tienne, E.T. le fit, dira le désinvolte. Le penseur médiocre risque ainsi d'utiliser « E.T.-of-the-gaps » avec autant de licence que le mauvais ouvrier du bâtiment use et abuse du mastic et du silicone pour masquer les défauts de son ouvrage.

Salviati : Le mauvais ouvrier certes, mais non point le bon. Or le projet SETI rassemble des chercheurs qui ont fait la preuve de leur qualité. Ils sont justement avertis de cette tentation funeste et entretiennent l'horreur d'une telle faiblesse. C'est leur faire injure que d'envisager seulement une dérive aussi vulgaire. De plus, les véritables énigmes qui entretiennent actuellement les réflexions des astrophysiciens sont d'ordre général : quelle est la nature de la matière noire ? celle de l'énergie noire ? Pourquoi les sondes Pioneer 10 et 11 subissent-elles une accélération qui s'écarte très légèrement, mais à coup sûr, des prédictions basées sur les lois connues de la gravitation ? Comment les galaxies se sont-elles formées ? Il ne s'agit point de quelque objet exotique et particulier dont la nature exacte nous reste encore un peu mystérieuse, mais de grandes questions majeures et fondamentales qu'aucune action locale de quelque thaumaturge ne serait susceptible de poser.

Sagredo : J'opine. Toutefois, hors le message explicite et intentionnel, hors la bouteille à la mer interstellaire, il demeure que nous en sommes précisément réduits à chercher quelque objet exotique et particulier – tel une sphère de Dyson – qui nous serait un signe, par son mystère même, de l'industrie de E.T. Ainsi me sens-je bien forcé de reconnaître que, plus nous cheminons, et plus il appert que la notion de E.T.-des-lacunes colle à notre problème de la pluralité des mondes comme sangsue, au point qu'il faudra bien s'accommoder à la longue d'un pareil fâcheux. La sangsue serait-elle assez gourmande pour vider en fin de compte la controverse de son sang ? La question de la pluralité des mondes demeure, certes, mais les moyens d'y répondre n'en constituent pas moins une autre question à part entière et tout aussi épineuse ; or, on ne peut esquiver celle-ci alors que l'on prétend résoudre celle-là. C'est précisément là-dessus que porte votre argumentation, Signor Simplicio, si je ne me trompe ; où notre sangsue nous mènera-t-elle?

Simplicio : A une autre notion souvent évoquée dans le débat science-foi, celle d'un plan divin dans l'architecture de la nature, que les anglo-saxons résument par le terme « design ». En un mot, c'est la notion d' « horloge » de Voltaire[87], avec bien sûr l'idée que l'homme est intimement impliqué dans ce plan, pour ne pas dire central.

Salviati : Juste Ciel ! Ignoreriez-vous, Signor Simplicio, l'infamie qui s'attache désormais au terme « intelligent design » ? Cette notion, récupérée par les fanatiques fondamentalistes de la « Bible Belt »[88], est devenue le Cheval de Troie du créationnisme et de son funèbre cortège obscurantiste. Quiconque use de ce terme maudit sera maudit lui-même, ainsi que sa descendance sur trois générations ! Hélas, je craignais justement le dérapage perfide que voilà ! Que ne me suis-je contenté de me retirer en gondole afin de calmer mon esprit par la contemplation des merveilles vénitiennes…

Sagredo : N'ayez pas peur ! La raison, Signor Salviati, est là qui vous conduit, et nous saurons bientôt si elle déserte ou non le Signor Simplicio.

---

[87] « Il est vrai, j'ai raillé Saint-Médard et la bulle, Mais j'ai sur la nature encor quelque scrupule. L'univers m'embarrasse, et je ne puis songer Que cette horloge existe et n'ait point d'horloger. », Les Cabales, 1772.

[88] On nomme ainsi la région sud des États-Unis, où la proportion de fondamentalistes protestants est particulièrement élevée, et où beaucoup d'entre eux militent pour que leur version du « créationnisme » soit enseignée à l'école au même titre que la théorie de l'évolution de Darwin. Ils préfèrent maintenant invoquer le terme jusque là plus général et plus neutre de « intelligent design » (dessein intelligent), mais cette stratégie a plutôt discrédité ce terme que servi leur cause.

Jusqu'ici, notre ami a fait preuve de louables efforts malgré ses graves antécédents. Ne brisons donc point le roseau cassé, ni n'éteignons le lumignon qui fume encore : laissons-le poursuivre et assumer sa dangereuse responsabilité, que la nôtre saura sans doute éclairer. Ce sont les malades qui ont besoin de médecins, et notre médicale sollicitude est déjà tout en éveil à l'égard de notre fragile ami.

Simplicio : Si vous voulez bien me laisser poursuivre, j'ajouterai que cette idée de « design » est aussi liée à la notion de « cause finale », l'un des quatre types de cause défini par Aristote : l'univers aurait été construit dans un but précis, en particulier de servir d'écrin à l'homme, créature la plus accomplie. Dans sa forme la plus triviale et la plus naïve, cette notion consiste à dire que « Le melon a été divisé en tranches par la nature afin d'être mangé en famille. La citrouille étant plus grosse peut être mangée avec les voisins »[89]. Dans sa forme plus subtile et récente, elle est incarnée dans ce que l'on appelle le « principe anthropique fort ». A l'origine, et contrairement à ce que l'on prétend ici et là dans la littérature, le principe anthropique énoncé pour la première fois sous ce nom par le cosmologiste Brandon Carter en 1974[90] ne portait nulle connotation téléologique[91].

Sagredo : Il attirait simplement l'attention sur le fait que l'univers ne peut abriter des observateurs à n'importe quelle époque de son histoire, pour la simple raison que, pour que la vie existe, un certain nombre de conditions sont nécessaires, ne fût-ce que l'existence du carbone sur lequel elle est basée.

Simplicio : Or le carbone ayant été synthétisé dans les étoiles avant d'être dispersé dans l'espace interstellaire à la suite de l'explosion de supernovae, il ne pouvait exister dans l'univers avant la formation des dites étoiles ; et il a fallu encore attendre la formation d'une seconde ou d'une troisième génération d'astres, puis l'apparition de planètes, dont la Terre, avant que la vie paraisse et permît au carbone de donner la pleine mesure de sa

---

89 Bernardin de Saint-Pierre (1737-1814), dans son « Étude de la nature ».

90 « Large number coincidences and the anthropic principle in cosmology », in « Confrontation of Cosmological Theories with Observational Data », IAU Symposium No 63, Dordrecht, Reidel, p. 291.

91 Selon Carter lui-même, voir Ciel & Espace No 405, février 2004.

vocation. A certains égards donc, et cela est un énoncé strictement objectif et irréfutable dans la mesure où le modèle du Big Bang est accepté dans ses grandes lignes, nous sommes des observateurs privilégiés. Et nous le sommes non seulement dans la mesure où il était impossible que notre univers abritât une vie évoluée avant d'acquérir quelques milliards d'années de bouteille, ce qui ne serait pour ainsi dire qu'un privilège temporel. Nous le sommes aussi par le fait que les lois physiques en vigueur dans notre univers, et surtout la valeur des constantes fondamentales comme les intensités respectives des différentes forces, sont telles que la vie a pu apparaître et se maintenir, ce qui n'était pas gagné d'avance, loin s'en faut. Comme l'avait découvert le Signor Hoyle il y a un demi-siècle, une propriété du noyau de carbone (les propriétés chimiques restant les mêmes) eût-elle été un peu différente, il n'y aurait dans l'univers que rares traces de cet élément. Si par contre l'isotope Be^8 du béryllium, étape obligée dans les réactions de synthèse du carbone à partir de l'hélium, était stable, alors il y aurait surabondance de carbone. Ainsi notre planète serait-elle peut-être de graphite mais nous ne serions sans doute pas là pour le dire, car la vie demande aussi autre chose que du carbone[92].

Salviati : Oui, et c'est à juste titre que d'aucuns qualifient ce fameux « principe anthropique » de tautologie, car il n'y a rien à en tirer sur le plan scientifique, tandis que de fâcheuses illusions peuvent s'y tapir sur les plans philosophique et théologique.

Simplicio : Laissez-moi terminer ; la hâte est mauvaise conseillère, elle empêche la contemplation qui parfois est pourtant nécessaire, pour constater par exemple combien le *point de vue* ou la *manière de voir* est important en toutes choses, y compris en sciences. Or c'est précisément à renouveler notre point de vue que sert le principe anthropique, si simple et évident qu'il paraisse : encore fallait-il énoncer ladite évidence, et je ne suis point si sûr que les plus hargneux critiques dudit principe en eussent l'intelligence. Sous sa forme dite « faible », le principe anthropique se borne d'ailleurs à la constatation que je viens d'énoncer, et que l'on peut aussi exprimer en se contentant de dire que de tous les univers possibles, par exemple des univers où les lois physiques seraient les même qu'ici mais

---

92 F. Hoyle, « Galaxies, Noyaux et Quasars », Buchet/Castel, Paris, 1966, p. 164.

avec des constantes différentes, le nôtre est le seul capable d'abriter la vie. A supposer que ces autres univers existent au-delà de l'horizon du nôtre (ce qui pose il est vrai difficulté quant à la définition même d'univers), ou qu'ils existèrent dans le passé et existeront dans l'avenir (dans la fameuse idée d'un univers oscillant, où l'expansion précéderait une contraction, et un Big Bang succèderait à un Big Crunch), le principe anthropique décrit simplement un *effet de sélection :* seul est observé l'univers qui, parmi tous ceux qui existent, existèrent ou existeront, se trouve par hasard abriter la vie.

Sagredo : Jusqu'ici, aucun risque pour la belle vision du hasard et de la nécessité en tant que seuls et uniques moteurs de notre apparition.

Simplicio : Belle vision selon vous, grande illusion et petite idéologie selon moi… Les ennuis commencent – et les gardiens de l'orthodoxie scientifique se raidissent non sans raison – avec la version dite « forte » du principe, qui postule que les constantes de la physiques, voire la forme même des lois physiques, ont été ajustées *dans le but* de faire apparaître l'homme dans l'univers. C'est pourquoi un historien des sciences[93] a pu dire à juste titre que le principe anthropique est une façon malicieuse de remettre l'homme au centre de l'univers, et je souscris en souriant à cette judicieuse remarque. Rien n'empêche de voir une intention créatrice dans les merveilles de la nature, bien au contraire, et le principe anthropique peut fort bien servir à stimuler l'émerveillement, par ailleurs si propice à l'exercice de la science. Mais c'est précisément là que les limites de la sciences sont franchies et que d'aucuns n'y voient qu'horrible confusion des plans, tandis que d'autres se réjouissent tout simplement de voir la réflexion prendre de la hauteur, englobant comme autrefois et sans honte la science dans la philosophie, et n'y voient rien de répréhensible pour autant que le discours soit clair et la couleur annoncée.

Salviati : Voilà d'intéressantes considérations, dont je ne vois guère encore le rapport avec notre sujet, mais qui témoignent d'un attachement irrésistible et désolant à un anthropocentrisme d'un autre âge. On croyait révolue cette notion, mais c'est comme s'il fallait apprendre à lire à un

[93] Jean-Claude Pont, professeur d'histoire des sciences à l'Université de Genève, lors d'une conférence.

académicien ! Sachez que toute idée de plan, d'intention, de direction donnée *a priori* est manifestement absente de l'évolution biologique : Richard Dawkins l'a bien montré, en particulier dans son livre « L'horloger aveugle »[94]. Les mutations surgissent au hasard, tandis que les nécessités de la survie se chargent de sélectionner les êtres les plus aptes, donc de ne retenir que l'effet des mutations positives. Ainsi la vie s'est-elle construite sans autre ingrédient que le hasard et la nécessité, selon les termes du biologiste Jacques Monod. Nulle téléologie, nul plan a priori, nul architecte, nul créateur n'est requis, sinon pour le confort psychologique ou spirituel des simples.

Simplicio : Et pourtant le résultat est là ! et même Dawkins en est émerveillé. Là n'est point mon propos, cependant. Même, pour une fois, dirais-je que j'abonde en votre sens. Car si rien dans la nature ne témoigne, ni ne témoignera jamais de l'existence d'un horloger, cela ne devrait pas dépendre de l'identité dudit horloger. Que celui-ci soit le Seigneur Tout-Puissant ou plus modestement l'une de ses créatures, E.T. par exemple, revient au même : aucune trace d'intention, de plan, d'intelligence créatrice dans l'univers n'est permise, sur le plan scientifique s'entend. Ne devrait-on pas voir ici, dans ce principe de non-finalité, comme une sorte d'invariant[95] vis-à-vis d'un changement d'identité de l'hypothétique horloger ? Qu'une trace de cette sorte relève de l'univers dans son ensemble, comme dans le cas du principe anthropique fort, ou seulement d'une petite portion d'univers comme dans le cas des sphères de Dyson importe peu. Trouvez-en une, vous serez immédiatement soupçonné de fondamentalisme et chargé ainsi d'un opprobre éternel. Ainsi est-on conduit à ce curieux paradoxe : le scénario qui postule une apparition spontanée de la vie suivie de l'évolution darwinienne s'interdit lui-même la vérification de sa plus décisive prédiction, à savoir la multiplicité des sites où la vie a dû nécessairement prendre une forme intelligente ! En effet, l'argument même dirigé contre un « design » divin l'est aussi, tout naturellement, contre un « design » E.T., si petit et localisé soit-il. S'il n'y a

---

[94] Laffont, 1989 (éd. Originale : « The blind watchmaker », Longman Scientific & Technical, 1986).

[95] Simplicio fait allusion à la notion d'invariance des lois physiques vis-à-vis d'un changement de référentiel, notion postulée en particulier par Einstein en relativité, et l'extrapole ici, un peu légèrement sans doute, au domaine philosophique.

pas de projet divin dans l'univers, pourquoi y aurait-il un projet E.T. dans la moindre de ses parties?

Salviati : Vous commettez là, Signor Simplicio, une petite erreur de logique, me semble-t-il. A la rigueur, on peut considérer que, si l'univers était doué de quelque finalité, cela pourrait se traduire par l'existence d'êtres intelligents en son sein. La réciproque n'en est pas vraie pour autant : l'existence dans l'univers d'êtres intelligents ne suffit pas à doter celui-ci d'une finalité absolue. Or c'est la dernière que des biologistes comme Dawkins contestent, non cette finalité seconde et contingente que des êtres intelligents pourraient produire pour leur propre usage et qui leur serait un simple avantage évolutif. Car la finalité des uns va bien souvent à l'encontre du dessein des autres, comme le triste spectacle de la comédie humaine le montre avec insistance, et cet unique exemple suffit à combattre l'idée qu'une finalité locale saurait doter l'univers d'une finalité globale.

Sagredo : La question demeure, de savoir dans quelle mesure l'évolution darwinienne prédit réellement l'apparition de formes de vie intelligente là où la vie est apparue. Il n'est même pas sûr qu'elle dise quoi que ce soit au sujet de l'apparition de la vie elle-même, bien que celle-ci soit volontiers envisagée par les chercheurs actuels en terme de mutation et de sélection ou, comme dirait Karl Popper, en terme d'essais et d'élimination de l'erreur[96]. Il est d'ailleurs amusant de voir comment Popper considérait le darwinisme : il le voyait non comme une théorie scientifique testable, mais plutôt comme « un programme métaphysique de recherche – un cadre possible pour des théories scientifiques testables ». Et notre prestigieux philosophe de poursuivre en expliquant que la théorie de l'évolution darwinienne ne prédit réellement ni la variété des espèces – tout au plus prédirait-elle « presque » une grande variété de formes de vie – ni l'adaptation au milieu. De celle-ci, il remarque « dire qu'une espèce – vivante maintenant – est adaptée à son environnement, est en fait presque tautologique », et il insiste : « la possibilité de tester une théorie aussi faible que celle-ci est presque nulle ». Il explique aussi que s'il n'y a pas *prédiction*,

[96] « La quête inachevée ; autobiographie intellectuelle », Calmann-Levy, 1989, ISBN 2-266-02814-6, chapitre 37.

alors il n'y a pas *explication* non plus, d'où son idée que la théorie darwinienne est davantage métaphysique que scientifique.

Simplicio : Voilà un humour qui déserte, hélas, les gardiens de la révolution darwinienne. On chercherait en vain l'expression d'une idée si impertinente dans les nombreuses présentations, vulgarisées ou non, de la théorie de l'évolution, probablement pour des raisons idéologiques : admettre la nature « métaphysique » (*horribile dictu !*) de la théorie pourrait être ressenti, si évocateur est l'épithète, comme une irréparable bien que potentielle concession aux hordes créationnistes, que notre société scientifique et rationnelle regarde avec autant d'horreur que la chrétienté médiévale percevait Attila et ses Huns.

Sagredo : Crainte excessive sur le plan rationnel, toutefois, si ce n'est sur le plan de la connotation des mots et donc sur le plan de la propagande : Karl Popper reconnaît pleinement la considérable fertilité scientifique de la théorie de l'évolution, car le mot « métaphysique » n'a pour lui rien de dégradant. Voilà qui pourrait rassurer les amateurs du principe anthropique, si souvent taxé de tautologie par ses détracteurs, bien qu'on ne voie pas si clairement les effets de sa possible fertilité.
Toutefois, rien dans notre entretien n'oblige à considérer en détail la puissance prédictive de la théorie de l'évolution ou plutôt, comme vous le mentionniez tout à l'heure, Signor Simplicio, du scenario combinant l'apparition spontanée de la vie et l'évolution darwinienne. Il suffit de revenir à la source, qui est un principe dont tout découle, le principe copernicien généralisé à la vie intelligente. Le Signor Simplicio vient de mettre à jour un semblant de paradoxe entre l'attitude résolument anti-téléologique des biologistes évolutionnistes d'aujourd'hui d'une part, et la présence inévitable de buts, d'intentions et de projets dans l'univers impliqués par la seule présence de E.T. d'autre part. Carl Sagan était certain que l'évolution darwinienne se devait de produire *in fine* le cerveau (humain ou E.T.) et donc l'intelligence.
Or c'est précisément par la plus frappante des caractéristiques de l'intelligence, la faculté d'aménager l'environnement et donc de réaliser des projets, qui devrait nous permettre de la détecter : c'est ainsi que Percival Lowell croyait avoir détecté les martiens en distinguant, sur la planète rouge, les immenses mais imaginaires canaux produits par leur industrie

dans le but d'irriguer leur globe inexorablement voué à une sécheresse progressive. On retrouve bien là une limitation fondamentale de la science, qui au fond s'interdit par sa définition même de traiter d'autre chose que des phénomènes naturels.

Salviati : Mais que l'horloger soit aveugle ou, en d'autres termes, que les praticiens de la science biologique boutent le Grand Architecte hors de l'univers, comme Jeanne d'Arc les Anglois hors de France, n'implique pas nécessairement de vider ce dernier de *petits* architectes ! l'humanité n'est pas aveugle – pas entièrement du moins – et suffit à doter, localement, l'univers d'un sens ou d'un « design » particulier et relatif. C'est à nous – grandiose responsabilité – de donner sens à notre existence, et l'humanité s'y emploie par l'activité et le contrôle qu'elle déploie sur la nature. L'humanité elle-même ne témoigne pas d'une finalité qui la transcenderait par le simple fait qu'elle est douée d'une ingéniosité certaine. C'est elle qui construit ses propres buts et c'est précisément là que réside sa noblesse : comme disait Jacques Monod de l'homme dans son livre « Le hasard et la nécessité », « non plus que son destin, son devoir n'est écrit nulle part. A lui de choisir entre le royaume et les ténèbres ».

Simplicio : Qu'en termes religieux ces choses-là sont dites ! Même en ce blasphème, Jacques Monod témoigne, par son langage même, de l'antériorité de la transcendance sur les vaines et orgueilleuses pensées des hommes : royaume et ténèbres sont des termes à l'évidence empruntés au language du Christ lui-même !

Salviati : Il n'empêche, la biologie contemporaine se passe fort bien de téléologie mais ne prouve pas pour autant notre inexistence !

Simplicio : Voire ! songez donc un peu à cette doctrine issue des neurosciences, ou plutôt de certains de leurs praticiens, selon laquelle croyances religieuses comme notion même de Dieu ne sont que « constructions neuronales », pour reprendre l'expression utilisée dans le livre « Dieu face à la science » par Claude Allègre, géophysicien et ancien ministre de l'Éducation nationale, de la recherche et de la technologie[97].

---

[97] Librairie Arthème Fayard, 1997.

Salviati : C'est de Dieu qu'il s'agit et non de l'homme. En quoi cette facétieuse doctrine menace-t-elle l'homme, puisque son propos n'est que de contester la réalité objective de Dieu ?

Simplicio : Parce que l'homme tire son identité de la Transcendance, comme l'affirment les Écritures. Traiter les plus nobles idées humaines de simples constructions neuronales revient à les vider de leur valeur et, du même coup, à vider de sa valeur et de sa dignité l'être humain, qui tire précisément de telles idées son originalité face au monde animal. Soyons persévérants et systématiques, poussons donc le raisonnement jusqu'au bout : quel concept humain ne peut être défini comme construction neuronale, y compris cette notion même de construction neuronale ? Les spécialistes des neurosciences qui affirmant leur doctrine du Dieu-issu-de-notre-cerveau ne se mettent-ils pas eux-mêmes sur le trône de la Transcendance, imitant l'impudence d'un Napoléon Bonaparte se couronnant lui-même ? Leur propre concept les condamne pourtant à la faillibilité, car un super-spécialiste des neurosciences dira bien sûr que leur idée de construction neuronale n'est elle-même qu'une construction neuronale et n'a, par conséquent, aucune valeur objective ; et l'on peut itérer le raisonnement à l'infini, d'où l'on doit conclure à la vanité de ce genre de thèse. Il ne reste qu'un dilemme : ou bien l'homme ne se distingue guère du monde animal que par la quantité de sa puissance, non par la qualité de son esprit, et alors il ne présente plus qu'un intérêt très relatif et l'on voit mal pourquoi investir tant d'ardeur à chercher d'autres humanités ; ou bien l'homme est bien le sommet de la création comme le rappelle le Psaume 8, et alors on peine à lui imaginer des concurrents, d'autant plus que sa science ne peut que s'abâtardir si l'humanité n'est point seule de son espèce, comme nous l'avons montré.

Sagredo : Il est vrai que l'ardente recherche de nos frères extraterrestres suppose que nous leur accordions une grande valeur, ainsi qu'à nous-mêmes. Voilà qui fait songer, car telle n'est pas la posture de tous. Ce n'est point le hasard, mais bien la nécessité sécrétée par sa vision du monde, qui poussa l'athée Jean Rostand à constater platement mais honnêtement « Est-ce bien l'homme que je poursuis à travers le crapaud ? En tout cas, le crapaud m'intéresse plus que l'homme. »[98].

---

[98] « Carnet d'un biologiste », Le Livre de Poche, Stock, 1959, p. 31.

Salviati : Il me souvient d'un ouvrage extrêmement pertinent pour nos réflexions, où Paul Davies médite sur les conséquences philosophiques d'une éventuelle découverte de vie extraterrestre[99]. Tout d'abord, il distingue non pas un seul principe à la base de l'idée de multiplicité des civilisations extraterrestres, mais trois :

- Le principe de l'uniformité de la nature, selon lequel les lois de la nature sont les mêmes partout et toujours dans l'univers ; la chose nous paraît si évidente à nous autres astronomes que nous n'avons fait que la mentionner en passant.
- Le principe de plénitude, selon lequel ce qui est possible dans la nature tend à s'y réaliser : nous n'avons évoqué ce principe qu'implicitement, au travers de l'idée que, si les conditions ambiantes sont favorables au développement de la vie, alors celle-ci évoluera jusqu'à une forme intelligente. Carl Sagan a largement, mais aussi implicitement, recouru à ce principe qu'il considérait comme allant de soi.
- Le principe copernicien, enfin, que nous avons seul sollicité de manière explicite et détaillée.

Or, nous venons d'évoquer la notion d'apparition spontanée de la vie, suivie d'évolution darwinienne, cela à la suite de Sagan et de bien d'autres. Mais il est bien connu qu'en général, les biologistes évolutionnistes néo-darwiniens, en particulier leur plus illustre représentant Ernst Mayr, sont extrêmement sceptiques quant à l'existence de vie E.T. intelligente. Cela résulte justement de leur doctrine de « l'horloger aveugle », selon laquelle toute l'évolution n'est que le fruit d'une suite de hasards fort improbables.

Sagredo : Par exemple, le regretté Signor Stephen Jay Gould aimait à souligner que, si un jour funeste l'humanité était totalement détruite d'une manière ou l'autre, l'évolution certes continuerait à procéder, mais n'aboutirait pas nécessairement à une espèce intelligente.

Salviati : En effet. Ainsi la chaîne évolutive qui a mené jusqu'à nous paraît-elle si immensément improbable que l'humanité apparaît à nos biologistes comme un accident et qu'ils ne peuvent concevoir que E.T. existe, du moins à l'intérieur de notre horizon, c'est-à-dire dans l'univers observable. Cela n'exclut pas entièrement que E.T. pût apparaître quelque

---

[99] Paul Davies, « Are we alone ? Philosophical implications of the discovery of extraterrestrial life », BasicBooks (Perseus Book Group), 1995.

part au-delà, au cas où notre univers serait spatialement infini, mais pareil exil revient à lui nier toute existence effective puisque nous ne pourrions jamais l'observer. Ainsi, remarque le Signor Davies, « le concept de vie extraterrestre est, par conséquent, fondamentalement anti-darwinien »[100]. Afin de réconcilier l'évolution avec E.T., si je puis dire, Paul Davies invoque la notion d'auto-organisation, laquelle se manifeste même comme fruit de systèmes tout à fait chaotiques.

Sagredo : Il suffit de songer aux fractals de Benoît Mendelbrot[101], par exemple, qui évoquent des fougères ou autres formes végétales alors qu'ils sont engendrés par des algorithmes fort simples.

Salviati : Alors, pourquoi l'auto-organisation ne saurait-elle s'appliquer à la biologie ? Ainsi, suggère Davies, la théorie neo-darwinienne serait-elle incomplète ; on devrait peut-être lui adjoindre un principe de croissance de la complexité, qui serait ancré dans les lois de la nature de manière profonde et fondamentale. L'univers dans son ensemble a suivi cet itinéraire, comme l'avait si bien souligné le Signor Hubert Reeves : d'un plasma très chaud et presque parfaitement uniforme juste après le Big Bang sont peu à peu sorties les galaxies et leurs étoiles entourées finalement de leur cortège de planètes, etc. Si la matière s'est arrangée en complexité croissante, pourquoi donc la complexité de la vie n'aurait-elle pas suivi la même loi ? Les biologistes répugnent à cette idée qui leur évoque une téléologie suspecte et sulfureuse, si bien qu'il préfèrent considérer le résultat que nous voyons de nos yeux comme pur accident. A cet égard, Jean Rostand constitue néanmoins une exception, lui qui exprima, trente ans plus tôt, exactement la même idée que le Signor Davies, sans toutefois y consacrer un livre entier ; il se contenta d'un simple aphorisme, aussi court que lumineux : « La matière est, avant tout, ce qui pouvait produire de la pensée »[102]. Mais si Rostand et Davies ont raison, si la croissance de la complexité est inscrite au plus profond des lois fondamentales de la physique, alors E.T. en devient « néo-darwiniennement correct », au point que sa détection peut être considérée comme une vérification du principe de croissance de la complexité. Et

[100] Ibidem, p. 73.
[101] Mathématicien d'origine polonaise, né en 1924.
[102] « Inquiétudes d'un biologiste », Le Livre de Poche, Stock, 1967, p. 98.

cette idée est de nature à satisfaire le physicien davantage que la notion d'accident improbable, dont le résultat ne se distingue guère, après tout, du miracle pur et simple.

Simplicio : Voilà qui est si vrai, que le Signor Jean Rostand a reconnu, tout invraisemblable que cela puisse paraître, le caractère miraculeux de l'existence de l'homme… Non sans atténuer aussitôt son propos, en un élan typique de désabusement, voire de dérision : « L'homme est un miracle sans intérêt. »[103] Le point final de son constat en dit plus encore que les mots qui le précèdent, tant est lourd le silence qu'il impose à l'esprit et muette la consternation accablée qu'il inspire au lecteur. Il est curieux que les autres biologistes, conscients de la série d'évènements extrêmement improbables que requiert l'apparition de la vie dans leur vision matérialiste du monde, n'aient point noté, eux aussi, cette parenté objective entre hasard unique et miracle. Je ne comprends que trop bien leur silence, et le simple fait de le constater et de l'écouter me rend aussi paisible et souriant que la Joconde aux yeux du maître Léonard.

Salviati : Foin du miracle ! Nous parlions de croissance de la complexité, et de la question de savoir en quelle mesure elle mériterait d'être élevée au rang de principe universel de la nature malgré notre répugnance naturelle à entrouvrir la porte à quelque semblant de finalité que ce soit. La simple évocation de cette concession suspecte m'emplit d'inquiétude quant à l'avenir à long terme de la science et de la raison, mais ce n'est que contraint et forcé par votre empressement, mes amis, que je condescends à si humiliante compromission. Et si mon amitié fidèle pour vous m'y conduit, c'est aussi parce que j'ai pleine confiance que l'apparence de finalité impliquée par le principe en question restera éphémère : la raison humaine saura lui trouver une nécessité et donc une explication.

Sagredo : La question du « intelligent design » est si chargée de connotation religieuse du plus fâcheux effet qu'elle risque de discréditer inutilement nos respectables entretiens. Dès lors il me paraît préférable de nous en tenir à des critères plus simples et pratiques, d'autant plus que l'exemple de notre piètre humanité évoque une cacophonie de projets

---

[103] « Pensées d'un biologiste », Stock+Plus, 1954, 1978, p. 108.

particuliers et contradictoires, plutôt que l'harmonieuse unité d'une symphonie classique. Je suggère que nous nous arrêtions là et reprenions demain la question du meilleur moyen de détecter nos voisins, si nous en avons, car moyen il doit y avoir, j'en suis convaincu. Il faut résoudre notre question, que j'estime ouverte encore malgré l'ingéniosité de vos arguments, Signor Simplicio.

Figure 5. La puissance des hypothèses : E.T. ayant mis Paris en bouteille.

Cinquième journée : OVNI (Omnibus Vita Non Imperat[104])

Sagredo : Nous voilà revenus au problème de la distinction entre nature et artifice. En méditant cette nuit dans la contemplation d'une magnifique voûte céleste étoilée, je me disais qu'on ne voit guère, en effet, comment E.T. réussira à rester indéfiniment discret au point de ne manifester sa présence que par volonté, au moyen de messages dûment estampilés, destinés à l'exportation : sitôt qu'il deviendra détectable par le seul effet de ses artifices quotidiens ou séculaires, c'est-à-dire par son activité qui nécessairement consomme, mais aussi rejette de l'énergie, alors du même coup il ne pourra prévenir sa chute dans l'ignominieuse catégorie de E.T.-des-lacunes. Rappelons-nous de cette notion, introduite par vous, Signor Simplicio, comme une sorte de retour du boomerang lancé en tant que Dieu-des-lacunes par ceux-là même qui ne lui espéraient qu'un aller simple. L'univers est rempli de mystères et la science est longue, difficile et laborieuse. Aussi est-il plus aisé de recourir à une action divine directe pour expliquer de tels mystères, que de travailler à leur trouver une cause rationnelle et scientifique. Mais alors, voilà que d'autres font avancer la science et résolvent quelques-uns de ces mystères, frappant d'obsolescence le Dieu-des-lacunes et ses avocats. Par analogie, on constate que le chercheur de E.T. court grand risque de ressembler à ces derniers, puisque précisément, E.T. ne peut être détecté que par des manifestations inexplicables au moyen de l'astrophysique et donc littéralement, objectivement *sur-naturelles*, même si je ne donne point tout à fait à ce mot le sens habituel de « qui transcende les lois de la physique ». Pensons à la fameuse idée des sphères de Dyson, par exemple, que nous avons discutée précédemment : dans ce cas, point de message de sagesse, point de

[104] « La vie ne règne point sur toutes choses » : devise des sceptiques quant à l'universalité de la vie.

profond discours susceptible de nous éveiller à quelque conscience galactique. Mais les miasmes d'une pollution aussi munificente qu'inévitable, et qui devraient nous signaler leurs auteurs aussi sûrement que l'odeur du purin campagnard trahit l'existence d'une faune locale. Or le fait même de reconnaître ces miasmes est lié comme frère siamois à E.T.-des-lacunes, car il implique l'existence de choses qui n'ont pas d'origine naturelle, et, partant, que la science astrophysique ne peut expliquer.

Simplicio : A moins que nous observions déjà de tels miasmes, en croyant naïvement leur trouver une explication naturelle alors qu'ils seraient en réalité d'origine artificielle… et nous retombons là dans le problème des bifurcations que je vous exposai voici quelques jours.

Salviati : Cela me fait penser à la thèse curieuse du jeune sociologue Pierre Lagrange, qui soutint naguère que, si nous ne voyons pas les E.T. comme Fermi l'eût voulu, ce n'est point qu'ils n'existent pas, c'est tout simplement que nous somme incapables de les voir, aveuglés que nous serions par notre étroitesse culturelle. Ainsi, peut-être les côtoierions-nous tous les jours ; peut-être E.T. est-il parmi nous, et nous voilà en train de regarder en l'air à des années-lumière, comme l'astronome rêveur risquant la chute dans un puits, alors qu'il suffirait peut-être d'avoir tout simplement les yeux en face des trous.[105]

Simplicio : Veuillez observer au passage, s'il vous plaît, l'amusante convergence de ce point de vue original avec ce que les Écritures disent de l'Eternel au travers du discours d'Elihou à Job : « Dieu parle cependant, tantôt d'une manière, tantôt d'une autre, et l'on n'y prend point garde »[106] ; ou, comme le dit encore le psalmiste : « L'homme stupide n'y connaît rien, et l'insensé n'y prend point garde »[107]. Comment ne pas voir qu'une fois de plus, on attribue aujourd'hui à E.T. ce que l'on attribuait naguère à Dieu ? Comme le disait Saint Paul, « …il a voulu qu'ils cherchassent le Seigneur, et

---

105 Café scientifique du 25 septembre 2000 sur le thème « Les extraterrestres sont-il seuls dans l'univers ? », au bar « Le 2e bureau » à Genève, avec la participation de Claude-Alain Roten, biologiste, Pierre Lagrange, sociologue des sciences et Michel Mayor, astronome.
106 Job chap. 33, v. 14.
107 Psaume 92, v. 7.

qu'ils s'efforçassent de le trouver en tâtonnant, bien qu'il ne soit pas loin de chacun de nous… »[108]. Ainsi, de même qu'il faut une grâce de l'Esprit pour percevoir la présence de Dieu dans sa propre vie et son action souveraine dans l'histoire du Monde, de même l'homme naturel s'avère impuissant à reconnaître E.T., à moins d'accueillir les lumières d'une science encore à inventer et donc fort conjecturale. Ce ne sera rien d'autre, en vérité, qu'une forme déguisée de révélation, au cas improbable où une telle « science » prétendra opérer. Avec cette proposition, Pierre Lagrange fait figure d'inquiétant perturbateur dans les milieux scientifiques…

Salviati : Bien que, après avoir provoqué quelques froncements de sourcil, il ait aussi été jugé relativement insignifiant, car le temps et l'oubli ont fait leur œuvre.

Simplicio : Pourtant, l'originalité de son approche n'est qu'apparente, puisqu'il ne fait que pousser jusqu'au bout le raisonnement des promoteurs de SETI et comme eux, attribue à E.T. une nature quasi divine. Seulement, il commet l'imprudence de situer E.T. tout près de nous au lieu de le reléguer comme eux fort loin : or, si la seconde attitude possède le décisif avantage stratégique de nous permettre de gagner du temps, la première, par contre, nous met pour ainsi dire le couteau sur la gorge : il ne suffit plus d'attendre tranquillement le message radio providentiel, nous voilà mis en demeure de nous convertir à E.T. sans plus tarder, en quelque sorte, en ouvrant une sorte de troisième œil sur ce que je ne puis qu'appeler le réalisme fantastique… et nous voilà ramenés tout droit au « Matin des magiciens » évoqué précédemment, circonstance éminemment embarrassante mais inévitable…

Sagredo : Bah ! A force de chercher des analogies religieuses ou bibliques, on finit bien par en trouver ; qui cherche trouve, disiez-vous justement. Cela dit, Pierre Lagrange a en effet remarqué, non sans quelque ironie ni sans pertinence, que « un bon extraterrestre est un extraterrestre lointain »[109] aux yeux de la tradition des chercheurs de E.T.

---

108 Actes chap. 17, v. 27-28.
109 Ciel & Espace No 447, août 2007, p. 54.

Salviati : Certes, certes. Mais pour avoir les yeux en face des trous, disais-je, le problème est de savoir quels trous, et ceux proposés par le jeune original me laissent pantois : l'ufologie[110], par exemple, qu'il s'agirait selon lui de « routiniser », selon un malheureux néologisme, en lui donnant les moyens matériels dont jouissent les véritables sciences[111]. Se plonger dans les poubelles de la science, voilà, pour reprendre ses propres termes, l'ambition de notre auteur : il compte y trouver peut-être de fantastiques trésors, sur la nature desquels il se garde bien d'ébaucher la moindre idée, pour la bonne raison qu'il ne le peut et que, dira-t-il, cela même est inhérent à ce type de recherche. Gageons que peu d'hommes de science trouveront à leur goût les conseils de cet impromptu, auquel sied la vaine philosophie autant que lui est étranger la saine pratique de la science véritable.

Sagredo : Gardons nous, Signor Salviati, de jeter l'opprobre sur un penseur qui, après tout, se trouve pris au même piège que nous tous qui discourons sur la pluralité des mondes habités. A savoir, le caractère éminemment invérifiable de la proposition selon laquelle E.T. existe, quel que soit le moyen proposé pour le détecter. N'avons-nous pas tous été blessés par le rasoir d'Occam ?
Et, puisque vous évoquez l'ufologie si malfamée, il me souvient que, lors d'une délicieuse soirée de clair de lune où nous devisions dans le calme et la volupté, la Marquise et moi, celle-ci me désarçonna fort en soulevant une question qui ferait rougir l'allégorie de la bienséance : « voilà bien longtemps que vous m'avez convaincue », dit-elle, « qu'il existe d'autres êtres pensants dans le vaste univers, et depuis peu vous tournez et retournez cette question avec vos amis, en vous demandant avec Enrico Fermi comment et pourquoi nous n'avons reçu d'eux aucune visite, alors même que leur haut degré de civilisation leur ferait un devoir de nous en honorer. Or, voilà que depuis des décennies, moult témoins affirment avoir de leurs yeux vu maints objets célestes mystérieux, souvent en forme de soucoupe, et qui naviguent avec une telle aisance que nul aéronef humain

---

110 « science » des UFOs – Unidentified Flying Objects – ou, plus simplement dit pour le lecteur francophone, des soucoupes volantes ; un terme français plus approprié serait « ovniologie » – de OVNI, Objet Volant Non Identifié – mais il n'est pas d'usage.

111 « Ufologie et SETI : réflexions sur la question », http ://home.nordnet.fr/~phuleux/quelques1.htm.

ne saurait les égaler. Certains prétendent même avoir vu leurs pilotes. Et voilà qu'au lieu de saisir une si providentielle révélation, qui peut-être vous offre sur plateau d'argent la solution au paradoxe de Fermi, vous faites la fine bouche et la dédaignez avec suffisance. Or on dit que la solution la plus simple est toujours la meilleure, et le Père Occam lui-même se devrait d'opiner. N'y a-t-il pas là grand paradoxe, que l'histoire retiendra peut-être sous le nom de paradoxe de Salviati ? ».

Salviati : Ciel ! Signor Sagredo, que les feux de l'amour ne troublent point votre esprit !

Sagredo : Ah ! que de séductions dans cette impertinence de Madame – que même un dévoilement subreptice de ses appâts ne saurait égaler – et quelle apparence de bon sens ! j'en restai tout interdit et coi, songeur et perplexe, dans un trouble aussi ambigu que l'étreinte de la honte et de l'éblouissement. Rieuse et triomphante, ma délicieuse Marquise renchérit : « Eh bien, Signor Sagredo, vous voilà tout d'un coup bien taciturne, alors que votre babil inextinguible me tournait jusqu'ici la tête ! qu'ai-je commis ? ». Comme il se doit, je me ressaisis en insistant pesamment sur les fantaisies de la nature humaine, sur sa propension au mensonge et à la farce, qui explique sans nul doute la majorité des apparitions de soucoupes volantes si ce n'est leur totalité, et en rappelant combien l'ignorance publique fait prendre des vessies pour des lanternes. Néanmoins, je ne puis chasser de mon esprit la question, si insidieuse soit-elle : le paradoxe de Fermi cesserait-il d'être paradoxe, autrement dit E.T. se montrerait-il ici même comme nous y aspirons de fait, verrions-nous autre chose que des soucoupes volantes ?

Simplicio : Je ne puis m'empêcher de saisir au passage l'intéressante allusion à la propension de l'humaine nature au mensonge, qu'invoquent inévitablement – quoique implicitement le plus souvent – les sceptiques qui commentent les apparitions d'OVNIs. Voilà une notion fort peu prisée en société, et qu'une vision rationaliste du monde peine considérablement à intégrer, tandis que la foi chrétienne ne se conçoit point sans elle puisqu'elle propose précisément d'en sortir au travers du salut. Comme vous évoquez imprudemment, Signor Sagredo, le délicat sujet des soucoupes volantes, non sans en avoir très opportunément attribué la responsabilité à la Marquise, permettez-moi d'y venir, car il y a là quelques intéressantes considérations à méditer. Tout d'abord, il faut bien constater que les tenants de la pluralité des mondes habités entretiennent avec ce que nous appellerons pour simplifier l'ufologie, une relation fort ambiguë, et cela de manière le plus souvent inconsciente, bien entendu.

Salviati : Holà, Signor Simplicio ! Les respectables hommes de science qui s'interrogèrent, et s'interrogent encore dignement sur la question essentielle qui nous occupe, n'ont jamais eu ni n'ont encore aucune complaisance envers les fausses sciences. Au contraire, ils s'accordent unanimement à mépriser une prétendue science dont l'objet insaisissable s'aplatit toujours en mensonge, mise en scène, illusion, erreur ou ignorance, et ne sauraient perdre leur temps à incliner vers si coupable marotte ! Nous l'évoquâmes ici même, Carl Sagan combattit les fausses sciences avec ardeur, ainsi que, par exemple, Evry Schatzman qui fut président de l'Union Rationaliste et écrivit un livre sur notre question[112].

Simplicio : Oui, a posteriori peut-être, mais non forcément a priori. Car on ne sait pas toujours que Carl Sagan s'intéressa aux soucoupes volantes dès l'enfance et crut à leur origine extraterrestre[113]. Il se distança rapidement de cette croyance qu'il finit par combattre, après avoir assimilé la science et sa méthode, et aussi après avoir absorbé un puissant antidote distillé par Martin Gardner[114], le fameux auteur des « jeux mathématiques » de la revue « Scientific American ». J'ignore ce qu'il en est des autres chevilles ouvrières de SETI, mais il est assez piquant de voir que le principal chantre de la recherche dite scientifique des E.T. a passé, fût-ce de manière assez fugitive, par la croyance aux OVNIs. Croyance d'ailleurs tout à fait rationnelle, comme le souligne avec raison Wiktor Stoczkowski

---

[112] « Les enfants d'Uranie », Seuil, 1986, ISBN 2020090945.

[113] Key Davidson, « Carl Sagan : a life », John Wiley & Sons, 1999, ISBN 0-471-25286-7, chap. 2.

[114] « Fads and fallacies in the name of science », Dover, 1957 ; une première version de ce livre avait paru en 1952 sous le titre « In the name of science » chez Putnam's Sons. Des sujets aussi divers que les OVNIs, les médiums, l'homéopathie et la dianétique de Ron Hubbard (connue actuellement sous le nom de scientologie) y sont traités. Traduction française : « Les magiciens démasqués. Santé et prospérité des pseudo-savants », Presses de la Cité, Paris, 1966.

dans son livre « Des hommes, des dieux et des extraterrestres »[115] : non seulement parce qu'elle est un « produit de la pensée humaine »[116], mais aussi et surtout, ajouterais-je, parce qu'*elle apparaît comme totalement logique et justifiée dans l'hypothèse où E.T. existe.*

Salviati : Vous allez bien vite en besogne, Signor Simplicio. Que d'autres civilisations existent ailleurs n'implique pas qu'il faille attribuer foi aux sottises des ufologues, soyons sérieux. Science et fantaisie ne font pas bon ménage. Il suffit de rappeler la fragilité des anecdotes soucoupiques et l'impéritie des amateurs de tels mythes pour tourner le dos à si pitoyables âneries et consacrer son temps à plus fertile occupation.

Sagredo : Les choses ne s'avèrent pas toujours aussi simples, comme je dus le réaliser en parcourant la littérature abondante consacrée au sujet scabreux évoqué bien malgré moi par la Marquise. Laissez-moi vous proposer une petite épreuve. Dites-moi donc de qui est la phrase suivante : « Quant aux esprits littéraires, leur hostilité s'étend souvent à la science tout entière, en laquelle ils devinent à juste titre l'instrument d'une métamorphose de l'homme qui les obligerait à s'instruire. »

Salviati : Probablement de quelque auteur positiviste du XIXe siècle, ou d'un rationnaliste militant du XXe, qui sait ? allons donc aux faits, je vous prie.

Sagredo : Il s'agit en réalité d'une citation du Signor Aimé Michel[117], aujourd'hui disparu, mais qui fut un éminent soucoupiste français, le plus éminent sans doute, et qui exerçait le métier de journaliste scientifique. Il écrivit plusieurs livres sur les soucoupes volantes, notamment « Mystérieux Objets Célestes »[118] dont est tirée cette phrase. Il faut reconnaître que tous les soucoupistes ne sont pas nécessairement de farouches ennemis de la science et ont même quelque connaissance d'épistémologie, et que plusieurs d'entre eux ont cherché à approcher le phénomène OVNI d'une manière scientifique. Qu'ils aient réussi ou non reste évidemment

115 Op. cit.
116 Ibid., p. 35.
117 1919-1992.
118 Arthaud, 1958.

discutable, c'est le moins que l'on puisse dire, mais on ne peut nier au moins l'apparente noblesse de leurs intentions. Les apparences peuvent être trompeuses, néanmoins, et de rudes critiques n'ont pas manqué de le clamer[119]. Ce qui frappe, c'est la foi en la science exprimée dans cette citation, qui pourrait tout aussi bien, et sans doute bien mieux, avoir été écrite par un invétéré sceptique. Aimé Michel tenta de trouver de l'ordre dans les innombrables témoignages d'OVNIs, notamment durant la « vague » d'octobre 1954 qui submergea la France. Pour ce faire, il porta sur une carte la position des apparitions quotidiennes, et s'aperçut à sa grande surprise qu'elles se trouvaient situées sur des lignes droites, pour une journée donnée. Il est vrai que le plus souvent, il n'y avait pas plus de trois apparitions sur une ligne, et parfois plusieurs lignes se coupaient en étoile, mais il découvrit un alignement de six points répartis entre Bayonne et Vichy, alignement qui resta célèbre dans le petit monde des soucoupistes sous le nom de BAVIC. On pourrait citer aussi Jacques F. Vallée, un ingénieur en informatique d'origine française[120], qui fit une simulation informatique de ces curieux alignements et montra qu'ils étaient conformes aux lois des probabilités : l'ordre cherché par Aimé Michel s'est donc dissous dans le néant, bien que l'alignement BAVIC fût nettement moins facile à expliquer. Voilà donc un cas de vaillante tentative d'étude apparemment scientifique d'un phénomène présumé artificiel! la tentative échoua, mais on pourrait la considérer comme exemplaire à certains égards.

Salviati : Elle fut surtout exemplaire par sa naïveté, son manque de rigueur et son caractère irrationnel : pourquoi chercher des alignements sur une journée et pas sur une heure ou un mois ? L'arbitraire de la chose est aussi formidable que celui qui préside aux horoscopes ! On peut aussi tenter de classer les choses, comme le fit Josef Hynek[121] à qui l'on doit, je crois, une classification des apparitions d'OVNIs en rencontres de 1er, 2e et 3e type, le dernier type consistant en un atterrissage avec apparition des occupants du véhicule.

---

[119] Par exemple Éric Maillot, 1993, http ://www.zetetique.ldh.org/drx.html.

[120] Né en 1939, à ne pas confondre avec l'astrophysicien Jacques P. Vallée, qui n'a rien à voir avec les soucoupes !

[121] 1910-1986. Il a conseillé Steven Spielberg pour son film « Rencontres du 3e type » et y figure un instant.

C'est cette classification qui est à l'origine du titre du fameux film de Steven Spielberg « Rencontres du troisième type ». On peut toujours classer et nommer les choses, cela ne fortifie en rien leur réalité supposée !

Simplicio : Ce qui est intéressant ici, ce ne sont pas les détails de la démarche de ces soucoupistes, dont on peut discuter à l'infini du bien-fondé ou du mal-fondé, et dont on peut aussi se gausser à l'envi, mais c'est l'existence même de la démarche. Car elle illustre à merveille le problème des bifurcations que j'évoquais devant vous il y a peu, et cela de la manière la plus extrême. Peut-être serait-il judicieux de s'arrêter en passant sur le ton ironique, quelque peu amer voire agressif de la petite phrase qui constituait votre énigme, Signor Sagredo. Ce ton pourrait venir simplement du sentiment d'être injustement méprisé par une populace incapable de curiosité et qui se gausse de ce qu'elle ignore, mais je lui soupçonne une cause première antérieure et plus profonde ; toutefois, seul l'Éternel, qui sonde les reins et les cœurs, peut connaître la cause ultime de telle attitude – là n'est point notre propos. L'essentiel est de voir ceci : l'ufologie s'avère impuissante à prouver que les objets de son attention abritent des êtres extraterrestres et sont autant de vaisseaux interstellaires ou, à tout le moins, des navettes leur permettant de visiter la Terre à partir de quelque base dissimulée on ne sait où dans notre système solaire. C'est une voie sans issue, un cul-de-sac, un pitoyable cul-de-basse-fosse, un Phlégéton horrible, un Styx, un marécage fangeux enfin, où ténèbres et confusion règnent sans partage.

Sagredo : Hélas ! Tremblons à l'idée infiniment saugrenue mais que vous suggérez avec tant de témérité, Signor Simplicio : à savoir que, si rien ne prouve que les OVNIs sont des véhicules E.T., rien ne prouverait le contraire non plus. L'avocat du Malin lui-même ne saurait insinuer plus perverse tentation : « Qui nous dit que l'homme de la rue, malheureux témoin d'une apparition d'OVNI », dirait le méphistophélique courtisan, « n'est pas en train de réussir la détection de E.T. avec plus d'efficience et d'à propos que SETI ? Qu'y pouvons-nous, si E.T. ne se révèle pas selon le scénario que nous avions prévu ? Qui les oblige à suivre à la lettre le protocole implicite de SETI ? »

Simplicio : Tremblons surtout devant la constatation impartiale que, toutes lucifériennes qu'elles puissent être à vos yeux, ces questions s'avèrent assurément justifiées dans l'hypothèse où E.T. existe, surtout s'il est bien plus évolué que nous. E.T. est imprévisible, c'est pourquoi il ne peut faire l'objet d'aucune étude véritablement scientifique. *Errare humanum est, perseverare diabolicum :* vouloir à toute force insister dans cette voie aura pour seul résultat non seulement une perte de temps et d'énergie considérable, mais aussi un abâtardissement de la raison, du bon sens et du discernement. C'est exactement ce qu'illustre l'ufologie, et tout particulièrement, à l'intérieur de celle-ci, la fameuse « affaire Ummo » qui aura duré plus de trente ans. En deux mots, cette affaire a commencé en Espagne, par la réception de mystérieuses lettres par quelques ufologues ou amateurs d'ésotérisme : ces lettres provenaient de divers pays et étaient écrites par des « ummites », de prétendus E.T. qui auraient débarqué sur Terre en 1950 et l'arpenteraient incognito depuis. Puis le cercle des récipiendaires s'élargit, et c'est ainsi que l'affaire fit boule de neige et suscite encore de pieuses réflexions ufologiques, bien que le farceur qui en est à l'origine ait avoué son forfait[122].
En somme, tout bien réfléchi, l'ufologie ne pourrait-elle pas apparaître comme une préfiguration de ce que risque de devenir la démarche SETI, dans le cas improbable, mais en principe possible, où l'on découvrirait enfin le signal tant attendu provenant d'une présumée civilisation E.T. ? Après tout, qui nous dira que toute l'affaire n'aura pas été lancée par une petite équipe d'astronomes farceurs ?

Salviati : Allons donc ! encore une fois, ne mélangeons pas torchons et serviettes, s'il vous plaît ! L'ufologie n'est qu'une pseudo-science pratiquée par de pseudo-hommes de science, tandis que l'aventure SETI est le fait d'authentiques chercheurs, qui connaissent le doute scientifique et tous les écueils de la quête de la vérité. Que certains ufologues aient une vague culture scientifique, comme ce Signor Michel qui, s'il a écrit dans la très populaire revue « Science & Vie », n'en était pas moins avant tout un littéraire, je le concède ; cela ne change rien au fait que le bon sens survit parfois mieux dans un esprit totalement inculte en matière de science, que dans les âmes dotées de quelques connaissances scientifiques, mais peu

---

122 http ://www.zetetique.ldh.org/ummo.html

formées à la réflexion sur la nature et le fonctionnement de la science. N'a-t-on pas montré que les simples paysans sont, bien souvent, moins volontiers crédules à l'égard de l'astrologie que les étudiants de l'université[123] ? Et n'avons-nous pas constaté maintes fois que les théories marginales et les pseudo-sciences sont volontiers fréquentées par des ingénieurs ? Une solide pratique de la science fondamentale immunise fort bien contre d'aussi terrifiants dérapages.

Sagredo : Il est vrai, mais le vaccin est-il suffisamment fiable ? la Marquise me surprit fort en signalant à mon attention sidérée que d'authentiques chercheurs, qui ont fait leurs preuves dans le monde académique, se sont intéressés aux OVNIs et se plongèrent en ufologie avec la même ferveur que de saints hommes entrent dans les ordres. Ils semblent peu nombreux certes, mais on connaît les cas des Signor Pierre Guérin, astronome français bien connu, spécialiste des planètes, de Joseph Allen Hynek, astronome américain spécialiste des étoiles doubles et de Jacques Vallée, ingénieur en informatique que nous avons déjà évoqué. On pourrait aussi mentionner le Signor Jean-Pierre Petit, brillant physicien mais aussi dessinateur de talent, auteur d'une série fameuse de bandes dessinées de vulgarisation[124], bien que ses extravagances fussent capables de faire douter les plus crédules : il est de ceux qui reçurent des lettres des fameux Ummites et qui affirment avec un aplomb de roc la présence ici même de E.T. Il mordit à l'hameçon, car il y était question de propulsion magnétohydrodynamique (MHD) des soucoupes volantes. Le signor Petit étant justement spécialiste de la MHD, il y trouva des idées qu'il jugea intéressantes et, stimulé par son anticonformisme forcené, prit au sérieux l'affaire, au point d'en écrire un livre[125]. On ne peut qu'être saisi de graves doutes, voyant cela, devant les thèses de ceux qui, souvent issus de milieux rationalistes, prétendent qu'une instruction suffisante des choses de la

---

[123] « Croyances aux parasciences ; dimensions sociales et culturelles », Daniel Bois et Guy Michelat, Revue Française de Sociologie, XXVII, avril-juin 1986, pp. 175-204, cités dans « Devenez sorciers, devenez savants » de Georges Charpak et Henri Broch, Odile Jacob, 2002, pp. 188-195.

[124] Anselme Lanturlu, chez Dunod.

[125] « Enquête sur des extra-terrestres qui sont déjà parmi nous : Le Mystère des Ummites », Albin Michel, 1991.

science saura dissiper chez la jeunesse le goût de l'étrange, du fantastique et de l'irrationnel.

Simplicio : Des chercheurs bien formés comme ceux que vous venez de citer, Signor Sagredo, se vautrèrent en effet dans l'ufologie et cela ne m'étonne en rien, car ils préfigurent ce que pourraient devenir les chercheurs de SETI… si jamais ils trouvent ou croient trouver quelque signal E.T. ! En somme, ces aventuriers jouèrent – et jouent encore pour ceux qui sont de ce monde[126] – bien malgré eux, à cet égard, le rôle de prophètes en quelque manière.
Reprenons si vous le voulez bien, la démarche de l'ufologue « classique », c'est-à-dire qui admet les visites de E.T. comme hypothèse de travail (une « nouvelle ufologie » plus axée sur les phénomènes psychiques est plus difficile à cerner). En premier lieu, il est au courant des principaux résultats de l'astronomie moderne ; bien avant la découverte des premières planètes extrasolaires, il était convaincu de leur existence et de la pluralité des mondes habités. Sans même avoir entendu parler du « paradoxe de Fermi », il l'énonce de manière explicite ou implicite et en tire les conclusions, comme l'a si bien fait Madame la Marquise : ces mystérieux objets que tant de témoins affirment avoir vus apparaissent précisément comme la solution au dit paradoxe et viennent ainsi conforter sa propre vision du monde, tout va donc très bien. Il est intéressant de rappeler une anecdote rapportée par le soucoupiste Aimé Michel dans un de ses livres :
Alors qu'il parlait avec le fameux Jean Cocteau et qu'il lui exposait ses recherches sur les OVNIs, le grand homme lui aurait dit à peu près ceci : « Ce qui serait surprenant, c'est que les soucoupes volantes n'existent pas ! ».

Sagredo : A sa manière, il énonçait justement ce que l'on connaît maintenant sous le nom de paradoxe de Fermi…

Simplicio : Tout à fait. Alors, convaincu de tenir quelque chose de crucial dans les témoignages d'apparitions d'OVNIs, l'ufologue tenta de l'étudier aussi rationnellement que possible, encouragé en cela par une autre remarque de Jean Cocteau : « Si ce que racontent ces gens est vrai, si ces

---

[126] Guérin et Hynek sont décédés en 2000 et en 1986 respectivement.

engins existent et si on les a vus, il est inconcevable qu'un ordre quelconque ne se cache pas sous ce désordre. C'est cela qu'il faut chercher : l'ordre caché sous le désordre »[127]. Et Aimé Michel chercha l'ordre en question, comme les chercheurs SETI le feront fébrilement le jour où ils croiront tenir un message E.T.. Comme nous l'avons signalé, il mit en évidence quelques alignements qui entretinrent chez lui l'espoir d'une grande découverte, puis les statistiques montrèrent l'insignifiance de la chose et l'ordre espéré disparu comme un mirage. Plus tard, un autre auteur français crut trouver une corrélation entre les lieux d'apparition et les failles géologiques[128], comme si les E.T. s'intéressaient à la géologie de notre planète, mais là encore la signification statistique n'était pas probante.

Sagredo : Ainsi les voies de E.T. restent-elles plus insondables que jamais !

Simplicio : Pourquoi s'en étonner ? Ils sont doués de liberté, et sont de surcroît bien plus avancés que nous sur les plans scientifiques et techniques : ainsi le phénomène OVNI satisfait-il à l'unique « prédiction » pertinente qu'aient jamais avancée les membres de la mouvance SETI, à savoir que des êtres aussi évolués apparaîtront nécessairement à nos yeux comme des dieux[129]. Ainsi l'ufologue, après tout rassuré, continuera-t-il à collectionner les récits d'apparition, sans trop savoir qu'en faire à vrai dire. Puis, les années passant, il finira par se poser des questions et, élargissant son horizon, remarquera la parenté étrange mais insistante des histoires d'OVNIs avec un folklore ancien mais encore plus bizarre : fées, lutins, korrigans, gobelins, leprechauns[130], maisons hantées, fantômes, polter-geists, spiritisme, mediums et autres amabilités qui font rire les uns et dresser les cheveux sur la tête des autres. Même les apparitions de la Vierge ont été discutées dans ce contexte, en particulier celles de Fatima[131].

---

127 Voir par exemple http ://pythacli.chez-alice.fr/univers/ufologie.htm.

128 Fernand Lagarde, rédacteur de la revue « Lumières dans la nuit », vers 1970.

129 Ulmschneider Peter, Intelligent life in the universe ; from common origins to the future of humanity, Springer, 2003.

130 Sorte de lutin ou farfadet irlandais.

131 Voir par exemple Gilles Pinon, « Fatima, un OVNI pas comme les autres », éditions Osmondes, 2002.

D'éminents ufologues ont suivi cet itinéraire, comme Jacques Vallée[132], John Keel[133], Michel Monnerie[134], et en sont arrivés à songer que le phénomène, loin de provenir des étoiles, est local et que sa nature est plutôt cachée dans les profondeurs de la démence et de l'occultisme[135] que dans la pureté de l'azur constellé.

Sagredo : Il n'est pas si surprenant, au fond, qu'il y ait parenté entre histoires d'OVNIs et histoires de fantômes. Faites donc ce « Gedankenexperiment »[136] : imaginez une soucoupe posée à terre, avec de petits extraterrestres s'activant à côté, dans la pure tradition des rencontres de 3e type. A présent, supprimez la soucoupe volante. Que reste-t-il ? des êtres bizarres, grotesques, peut-être lumineux, aussi grands que des géants ou aussi petits que les « schtroumpfs » des bandes dessinées de Peyo, qui peuvent se déplacer en marchant mais aussi en glissant, voire en volant… ou bien même sur une moto de science-fiction, un cas rapporté dans une revue ufologique, où la soucoupe brillait justement par son absence! Il n'y a pas de solution de continuité entre les deux domaines, ce qui complique singulièrement la tâche de ceux qui voudraient parer l'ufologie d'une aura scientifique.

Salviati : Nous sommes partis de l'abyssale et noble question de la pluralité des mondes habités, et vous voilà devisant de fantômes ! Reprenez-vous, Signor Sagredo ; je crains que les impertinences de votre marquise ne vous aient tourné la tête à l'excès.

Simplicio : Beau résultat en vérité : votre attitude même ne démontre-t-elle pas, avec plus d'éloquence qu'une plaidoirie de Cicéron, l'efficace de mon argumentation, que dis-je, de ma maïeutique[137] ? Car vous venez de

---

132 « Passport to Magonia : from folklore to flying saucers », H. Regnery Co, 1969.

133 « Operation Trojan Horse », 1973, réédité chez Illuminet Pr, 1996.

134 « Et si les ovnis n'existaient pas ? », Humanoïdes associés, 1977.

135 Pour une discussion éclairante sur la relation entre sous-culture ufologique et occultisme, voir Wiktor Stoczkowski, op. cit.

136 « expérience de la pensée » : expérience imaginaire proposée par les physiciens pour clarifier un point théorique. Le « chat de Schrödinger » est un exemple de « Gedankenexperiment » en mécanique quantique.

137 Art socratique de faire « accoucher » l'interlocuteur d'une vérité qu'il porterait en lui.

résumer toute ma thèse en un raccourci saisissant. Postulez la pluralité des mondes habités, comme le font *et* les ufologues *et* les chercheurs SETI, prenez ce postulat au sérieux et tirez-en les conséquences logiques : vous aboutissez nécessairement à l'extinction de la science vraie, en ouvrant une boîte de Pandore aux allures initialement innocentes, mais qui bientôt libère les chimères et les fantômes du « réalisme fantastique » à la mode de Pauwels et Bergier, d'Erich von Däniken et des autres. Voilà du moins ce que je tiens pour acquis. Si le programme SETI jouit encore de quelque aura scientifique, c'est bien grâce à cette sorte de restriction mentale qu'opèrent inconsciemment aussi bien ses zélateurs que leurs interlocuteurs, dans leur élan commun vers une chimère revêtue des oripeaux d'Uranie. Dans le monde austère de la réalité, l'aboutissement nous déçoit assurément. L'exemple de l'ufologie n'est là que pour illustrer l'issue probable d'une future et prétendue découverte d'un signal radio E.T., car il faut bien admettre qu'ufologues et promoteurs de SETI se basent *exactement* sur les mêmes prémices. Non seulement cela, mais ils tiennent à peu près le même discours, et les premiers avec parfois quelques décennies d'avance sur les seconds, disons-le. La seule différence essentielle réside dans le fait que les ufologues travaillent sur des données qui existent, à savoir les témoignages d'apparitions d'OVNIs – quelle que soit la réalité ou l'irréalité qu'ils recouvrent – tandis que les chercheurs SETI sont encore en quête de données qu'ils appellent en principe de leurs vœux mais qu'ils espèrent inconsciemment, je les en soupçonne, ne jamais trouver.

Sagredo : En somme, selon vous, Signor Simplicio, nous autres Pandores ouvririons la fameuse boîte pour notre malheur, et par là E.T., même inexistant, nous mettrait en boîte. Ainsi serions-nous deux fois perdants.

Salviati : Vous me semblez aller un peu vite en besogne, Signor Simplicio ; or la hâte est mauvaise conseillère. Bien sûr qu'ufologie comme SETI partent de la même grande idée de la pluralité des mondes ; la question est de savoir ce qu'ils en font. Or l'ufologie saute à pieds joints et sans discernement sur de douteuses prémices, dont elle tire de pharamineuses mais hâtives conclusions, tant est puissante sa convoitise de raccourcis vers un improbable « réalisme fantastique ». C'est comme si l'on fourrait en un même sac astronomes et astrologues sous le fallacieux prétexte que tous

deux portent leur attention vers les étoiles, alors que leurs démarches respectives sont à l'opposé l'une de l'autre.
Ainsi SETI et ufologues suivent-ils également des démarches opposées.

Simplicio : Hélas ! que ne puis-je acquiescer à votre dernier propos ! Pour reprendre votre comparaison entre astrologues et astronomes, soulignons que le seul et unique trait d'union entre eux est le ciel étoilé, auquel d'ailleurs les premiers ne s'intéressent que fort peu, tandis que les principes de leurs activités s'avèrent diamétralement opposés à ceux des seconds. Dans le couple ufologie/SETI par contre, c'est bel et bien un principe commun qui pérennise leur inconscient mais honteux concubinat, puisqu'il s'agit d'une union de fait sinon de droit : le principe de banalité sous-tend les deux démarches de manière essentielle et constitutive, malgré les dénégations véhémentes et horrifiées de l'un des deux partenaires, à savoir les avocats de SETI. L'essentiel de notre discussion porte justement sur la troublante similitude de la démarche de SETI avec celle de l'ufologie : or la première a réussi à préserver une certaine honorabilité académique en passant pour une branche de l'astronomie, tandis que la seconde reste heureusement confinée dans les limbes des parasciences. Pourquoi cela ? parce que SETI n'ayant rien trouvé, il n'est point encore acculé à la nécessité d'entrer véritablement dans le vif du sujet et peut donc se permettre de reporter *ad aeternam* le moment décisif et douloureux où il lui faudra bien reconnaître qu'il n'est pas une science. Tandis que l'ufologie, de par sa prétention à avoir trouvé[138], a pris un risque considérable mais potentiellement salutaire ; sa faiblesse, son incapacité foncière et intrinsèque à accéder au statut de science est devenue d'une évidence aveuglante pour qui veut bien voir la réalité de front.

Salviati : Jusques à quand, Cher Simplicio, abuserez-vous de notre patience ? Que voilà une comparaison insultante ! SETI pose une question essentielle, une seule, celle de l'existence ou non de E.T.. S'il s'avère que ce dernier n'existe pas – ou plutôt que la probabilité de son existence

---

[138] Simplicio parle ici de l'ufologie que j'appellerais « classique », qui repose sur l'hypothèse d'engins extraterrestres. Il ne s'agit pas ici de ce que certains appellent la « nouvelle ufologie », qui abandonne cette hypothèse au profit de considérations plus nébuleuses sur la perception extra-sensorielle, sur les transes chamaniques et tout ce qu'on regroupe sous le terme de « parapsychologie ».

s'amenuise avec le temps et les progrès de la recherche – SETI n'en souffrira nullement et subsistera dans l'histoire comme une exploration justifiée. Si au contraire E.T. se manifeste, SETI aura atteint son but aussi ; ainsi perdra-t-il peut-être sa raison d'être, mais dans l'honneur et la satisfaction de la mission accomplie, non pas dans la confusion et la honte comme vous semblez le lui souhaiter. Mais permettez-moi de revenir à vos propos provocants : comment oser prétendre que chercheurs SETI et ufologues tiennent le même discours, et surtout que les seconds eussent précédé les premiers de nombreuses années ?

Sagredo : Je m'en trouve fort embarrassé, Signor Salviati, mais la Marquise s'est aperçue, aidée sans doute par son extrême curiosité féminine, que la fameuse « hypothèse du zoo » proposée dans la mouvance SETI en 1973[139] n'était pas neuve, même à l'époque. Cette idée est encore une production saugrenue de la dite mouvance mais une fois de plus, elle ne l'est que si l'on rejette la pierre angulaire même de SETI, à savoir la possibilité de l'existence de E.T., et en particulier de civilisations beaucoup plus avancées que la nôtre. L'hypothèse postule donc que, si nous ne voyons point E.T., c'est tout simplement que nous sommes pour lui dans une sorte de réserve naturelle, dans laquelle il se garde bien d'intervenir afin de nous laisser évoluer sans interférence ; un zoo idéal, en sommes, où nous serions observés sans que nous puissions voir les visiteurs, et où notre comportement resterait donc parfaitement conforme à notre nature. Si cette hypothèse était sans doute inconnue du monde académique jusqu'alors, elle avait été au moins implicitement énoncée, avec toute la clarté nécessaire, par un personnage marginal mais bien connu de la gent ufologique : Charles Hoy Fort[140], grand collectionneur de faits bizarres (pluies de grenouilles et OVNIs précoces), avait dit, pince sans rire : « je crois qu'on nous pêche », ce qui signifie en gros la même chose mais avec davantage d'humour.
Voilà donc un exemple où un isolé farfelu a devancé de plusieurs décennies l'auteur d'un article paru dans une revue académique, donc en principe

[139] Ball, J. A., 1973, « The zoo hypothesis », Icarus Vol. 19, p. 347.

[140] 1874-1932. Charles Fort est une sorte de précurseur du « réalisme fantastique » ; son livre « Book of the damned », compilation d'étrangetés peu susceptibles d'intéresser la « science officielle », est resté un classique dans les milieux ufologiques et pseudo-scientifiques en général.

reconnu par la communauté scientifique... en principe, il est vrai, car je doute que nombreux soient les astronomes qui le prirent vraiment au sérieux : il n'a été cité que neuf fois jusqu'ici, du moins dans des revues professionnelles.

Salviati : Justement, l'hypothèse du zoo n'est après tout qu'un avatar marginal du sublime projet SETI. Or il n'est aucune flamme d'enthousiasme, aucun projet qui ne produise quelque scorie. La science elle-même est un processus d'apprentissage et suppose donc l'inévitable erreur ; sa noblesse réside précisément dans l'élimination de celle-ci. Rien ne se construit sans perte d'énergie, et l'on ne peut vivre sans déchets. Admettons que l'hypothèse du zoo soit à compter parmi ces derniers, car je reconnais qu'elle n'est guère susceptible de mûrir beaucoup de fruits scientifiques.

Simplicio : Vous m'en voyez ravi. Mais pourquoi se limiter à l'hypothèse du zoo ? ajouterais-je, et s'abstenir de regarder avec suspicion le projet SETI tout entier ? SETI n'est-il pas à la science ce que, selon vous, l'hypothèse du zoo est à SETI ? Le fait est que l'hypothèse du zoo est tout simplement impossible à réfuter, de même que la possibilité d'existence de E.T. ainsi que toute manifestation qui serait censée prouver leur existence. En ce sens là, parce qu'elle est marquée du sceau de l'irréfutabilité, l'hypothèse du zoo n'apparaît point comme une anomalie fâcheusement introduite par quelque étourdi dans la démarche SETI à l'image d'un loup dans la bergerie, mais plutôt comme un membre incontournable de sa propre famille! Cela, même si elle en est cousine plutôt que fille, tant il est vrai, je l'admet, que l'on peut faire du SETI en l'ignorant ; mais si elle s'invite, SETI ne saurait l'éconduire sans honte. Il n'y a pas de solution de continuité entre cette amusante hypothèse et tout le reste : vouloir jeter un anneau d'une chaîne est vain, la nécessité oblige à jeter la chaîne tout entière. L'hypothèse du zoo appartient à la cohorte des ténèbres qui déshéritent la raison, la rendent veuve, mélancolique et inconsolée, aussi bien que la petite phrase d'Arthur Clarke « any sufficiently advanced technology is indistinguishable from magic »[141]. Mon propos vous choque-

---

[141] « Toute technologie suffisamment avancée ne peut être distinguée de la magie ». Cette phrase bien connue des ufologues est tirée de « Profiles of the future », 1961 (réédition en « paperback » : Warner Books, 1985).

t-il ? laissez-moi le préciser : ce n'est point tant d'un raz-de-marée qu'il s'agit, qui engloutirait d'un coup la pauvre raison dans l'obscurité, mais d'une démission progressive et opportune du bon sens, conséquence naturelle du refus de mener jusqu'au bout le raisonnement, car le confort de l'intellect a ses raisons que la raison ne connaît point.

Salviati : Mais le but de SETI est de détecter E.T., or l'hypothèse du zoo n'est d'aucun secours pour cela. A ce titre on peut l'écarter à bon droit. Restons pragmatiques, je vous prie.

Sagredo : Il existe une intéressante différence entre chercheurs SETI et ufologues : les premiers cherchent à détecter quelque chose qui soit aussi peu susceptible d'être produit par la nature que possible, et qui mette donc en évidence la nature artificielle de l'émetteur. S'ils spéculèrent naguère, ils ont actuellement tendance à préférer se cantonner tranquillement à l'aspect technique de la détection radio ou même optique de signaux simples. Le plus connu des chantres actuels de SETI, Seth Shostak, l'explique bien : le signal le plus convaincant pour SETI ne serait pas un message complexe, mais au contraire quelque chose d'aussi simple que, par exemple, une onde sinusoïdale aussi parfaitement monochromatique qu'il est techniquement possible de produire[142]. Si l'on trouve une telle émission, et cela dans la direction d'une étoile connue pour être escortée de planètes, alors il y a de fortes chances que l'on ait affaire à E.T., et cela d'autant plus si la fréquence du signal se trouve affectée d'un décalage Doppler-Fizeau périodique trahissant le mouvement de la planète abritant l'émetteur.

Simplicio : Cela permet de rester pragmatique et d'éviter les questions gênantes qui sautent au yeux dès qu'on les lève à peine plus haut.

Sagredo : Évidemment, un tel signal ne porterait aucune information, si ce n'est le fait de son origine artificielle : il n'est plus question de message de sagesse, de recette pour « traverser l'adolescence technologique de notre civilisation », ni même de suite de nombres premiers, et encore moins de contact. Les ufologues, eux, ne se sont pas privés de spéculer. Ils cherchaient encore naguère à interpréter les visions d'OVNIs en termes de

---

[142] « SETI and Intelligent Design », SETI Institute, posted : 01 December 2005, http ://www.space.com/searchforlife/seti_intelligentdesign_051201.html

voyageurs spatiaux, mais se heurtaient constamment à la « magie » annoncée par Arthur Clarke, comme la mouche qui, émerveillée par le paysage lumineux qui s'offre à ses yeux, ne cesse de heurter une vitre invisible : l'argument même qui fit leur délice s'avère en même temps leur prison puisque, nous l'avons vu, n'importe quelle fantasmagorie pourrait être mise au compte de E.T., lequel expliquerait donc à la fois tout et rien.

Simplicio : Cela est si vrai, que magie et OVNIs font très bon ménage, comme nous l'avons vu. On le constate non seulement dans la littérature ufologique, mais aussi dans les intérêts – souvent cachés, ou tout au moins ignorés des non-initiés – de certains des plus prestigieux ufologues. Ainsi l'astronome Josef Allen Hynek, célèbre pour avoir été consultant de l'Armée de l'air américaine sur les questions d'identification des OVNIs, était « intéressé par l'astrologie dès le début de ses études » et « fasciné par la chirurgie psychique[143] » et « la photographie psychique »[144], selon Jacques Vallée, autre éminent ufologue[145] qui travailla avec lui. Il aurait même étudié la doctrine Rose-Croix, exemple typique d'ésotérisme. Quant au Signor Vallée, brilliant informaticien, astronome, homme d'affaire et écrivain de science-fiction, il rencontra le médium Uri Geller[146] à deux reprises. Si Geller est surtout connu pour sa faculté présumée de tordre des petites cuillères à distance, il est aussi un « contacté » parmi bien d'autres, c'est-à-dire, en jargon ufologique, un homme qui prétend avoir reçu une vocation et des messages d'extraterrestres, en général liés à l'apparition d'une soucoupe volante. Cette catégorie de témoins d'apparitions d'OVNIs représente le lien le plus manifeste entre ceux-ci et l'une des formes les plus extrêmes d'occultisme, à savoir le spiritisme. Un des très rares hommes de science qui prit au sérieux les OVNIs et l'avouât publiquement, l'astronome Pierre Guérin, croyait à l'astrologie et

---

[143] Pratique de certains guérisseurs, notamment philippins et brésiliens, qui prétendent extraire du corps certaines tumeurs sans l'aide d'aucun instrument, à mains nues et sans douleur pour le patient. Il s'agit d'une fraude bien attestée.

[144] Prétendues photos d'ectoplasmes, d'auras, etc.

[145] Jacques Vallée, « Forbidden science », North Atlantic Books, Berkeley, 1992 ; cité par Key Davidson, « Carl Sagan : a life », John Wiley & Sons, 1999, p. 231. Spielberg s'est inspiré de Vallée pour le personnage joué par François Truffaut dans son film « Rencontres du 3e type ».

[146] Né en 1946, Uri Geller a fait beaucoup parler de lui au début des années 1970.

conformait sa vie à l'horoscope[147]. Qui l'eût cru ? en public, il resta parfaitement discret sur cette improbable croyance, que nul ne songeait à cumuler à son intérêt déjà bien exotique pour l'ufologie !

Salviati : Peut-on savoir quel rapport tout cela entretient-il avec notre question, s'il vous plaît ? Signor Sagredo, vous avez fort bien expliqué qu'au prix d'une sage sobriété, SETI sera parfaitement capable d'identifier une source d'origine artificielle. Il aura alors pleinement rempli son mandat, qui est de répondre à la question : sommes-nous seuls dans l'univers ? Tout le reste n'est que commentaires.

Simplicio : Il y a fort à parier, néanmoins, que dans une telle éventualité les interminables polémiques autour des OVNIs se reproduiront cette fois-ci autour des URS – Unidentified Radio Signals – ou, en français, des SRNIs (Signaux Radio Non Identifiés).

Sagredo : Voilà qui est certain, et je m'aventurerais même à prédire que les chercheurs SETI, dans le souci de ne point perdre le nord, classeront bientôt les alertes – abréviées URSA, Unidentified Radio Signal Alert – que devront déclencher de tels signaux en au moins deux catégories : les plus intrigantes (URSA Major) et celles qui sont moins cruciales (URSA Minor)…

Salviati : Allons, Signor Sagredo, réservez donc vos traits d'esprit à la Marquise ! Demeurons sérieux, de grâce.

Simplicio : … Où en étais-je donc ? Ah oui : aura-t-on jamais, dis-je, une certitude véritable quant à la nature de l'émission ? car il faudrait que celle-ci dure suffisamment longtemps pour que l'on puisse infailliblement la distinguer d'une émission humaine, provenant d'un satellite ou plutôt d'une sonde spatiale. Souvenez-vous du film « Contact » : le voyage interstellaire de Eleanore Arroway dure à peine une seconde aux yeux des terriens, mais dix-huit heures pour l'astronaute, qui se trouve bien en peine, à son retour, d'apporter la preuve de son récit. C'est au point qu'un conseiller du président suggère que toute l'affaire puisse avoir été montée

---

147 Communication privée d'un collègue qui eut l'occasion de rencontrer Guérin.

de toutes pièces par le puissant et mystérieux industriel Hadden. Seule la caméra portée par la cosmonaute semble bien avoir enregistré dix-huit heures durant, mais rien d'autres que des parasites. Tout repose sur cette unique preuve matérielle, bien fragile à vrai dire…
Après tout, qui nous dit qu'un chercheur SETI, frustré par quarante ou cinquante ans de recherche vaine, ne consacre son imagination et sa créativité à forger un message E.T., comme le farceur qui fut à l'origine de l'affaire Ummo ? Si la liberté et la créativité des hypothétiques E.T. doit être prise en compte pour affiner la stratégie de SETI, à combien plus forte raison devrions-nous envisager la liberté et la créativité humaine qui, elle, existe à coup sûr!

Salviati : Là, vous faites un procès d'intention et salissez bassement d'honnêtes et droits chercheurs. Je refuse de vous suivre sur ce terrain là ! Je le répète et le réitère : si SETI trouve un signal suffisamment simple, fût-ce une onde monochromatique (soit l'équivalent électromagnétique d'un son parfaitement pur) dans la direction exacte d'un système planétaire, alors il aura fait la preuve de l'existence d'un émetteur artificiel. Une vérification suffisamment soignée permettra de s'assurer qu'il ne s'agit pas d'un émetteur humain logé dans quelque sonde spatiale, et SETI aura donné une réponse positive à la plus profonde question jamais posée à l'humanité au cours de toute son histoire : c'est tout ce qu'on lui demande.

Sagredo : La suggestion du Signor Simplicio paraît assurément provocante, mais admettons qu'en prenant suffisamment de recul, et instruit par le triste exemple de l'ufologie, elle ne s'avère point si impertinente qu'il n'y paraît. Si l'on veut satisfaire au critère du rasoir d'Occam autant qu'il est possible en cette délicate matière, il faut introduire tous les paramètres en jeu : non seulement l'intelligence des E.T., ainsi que leur éventuelle malignité – ne l'oublions pas – mais aussi l'intelligence et l'imagination humaines, avec la malignité qu'il n'est hélas pas possible de négliger totalement ! Fraudes et canulars polluent malheureusement d'autres domaines de la science, me direz-vous avec raison. Ceux-ci, toutefois, sont en général intéressés, provenant de chercheurs qui, pressés par la nécessité de publier ou désireux de maintenir une réputation, accomodent à leurs désirs les résultats de leurs travaux ;

tandis que les mises en scène de faux E.T. sont gratuites et ne servent guère qu'à la jubilation du farceur.

Simplicio : On peut concéder à SETI la possibilité de détecter une émission artificielle d'origine non humaine, avec toutefois cette paradoxale restriction : plus le signal sera simple et plus il sera facile d'en reconnaître la nature artificielle, moins nous en saurons sur la civilisation qui l'a envoyé. A l'inverse, plus le message sera élaboré et plus le soupçon de canular sera grand et, si le message est reconnu authentique, plus il suscitera de spéculations pour des siècles. L'impossibilité de dialogue est ici rédhibitoire, à moins que E.T. nous prenne sous son aile en nous envoyant régulièrement, par leçons successives, un cours du genre « E.T. pour les nuls ». Or cela n'est possible, ce me semble, que si l'écart de développement entre E.T. et nous n'est pas trop grand, autrement dit si la « magie » d'Arthur Clarke reste suffisamment accessible pour que nous soyons encore capable de deviner quelque peu ses « trucs », si je puis dire. Mais alors, une telle restriction réduit considérablement le nombre possible de civilisations appropriées, et donc la probabilité que nous nous trouvions dans ce cas favorable. De toute façon la nature scientifique de SETI disparaîtra dès la première détection : la science fondamentale se muera alors au mieux en « science forensique »[148], soit pour traquer le farceur à l'origine de la fraude, soit pour essayer de caractériser la civilisation émettrice à partir de ses messages, avec tous les aléas que je soulignai ces derniers jours.

Sagredo : Ce sera bien la toute première fois, dans l'histoire entière de la science fondamentale, qu'une question posée à la Nature produira, en cas de réponse, une métamorphose instantanée de cette partie de la science qui aura eu l'imprudence de déclencher le fatal enchantement : alors même que la réponse sera donnée, SETI se verra transformé en quelqu'étrange monstre qui n'aura plus aucune ressemblance avec la science, mais sera une

---

148 Ensemble des techniques utilisées en criminologie pour identifier le coupable ou l'arme du crime : balistique, analyse d'ADN, analyse chimique etc. C'est la partie technique et scientifique de l'art de Sherlock Holmes. Il existe aussi une science forensique environnementale, qui s'attache à retrouver les auteurs de marées noires, empoisonnement de réserves d'eau ou feux de forêts.

sorte de curieux mélange de philosophie, de science forensique comme vous dites, de religion peut-être, de je ne sais quoi d'imprévisible enfin.

Salviati : Trêve de spéculation ! plus se développe notre conversation, plus je ressens l'impérieux besoin de palper des données bien concrètes plutôt que des idées en l'air. Les pionniers de SETI n'avaient-ils pas raison de dire tout bonnement qu'il faut essayer, qu'il faut chercher et chercher encore, sans quoi nous ne trouverons assurément jamais rien ? Je ne veux rien savoir d'autre parmi vous que E.T., et E.T. détecté !

Sagredo : Il est vrai, mais de même que les concepteurs d'une sonde spatiale se livrent à toutes sortes de calculs et de simulations avant d'en entreprendre la construction, afin de s'assurer que le projet est faisable, de même est-il peut-être bon de méditer et d'envisager tous les cas de figure pour voir ce que l'on peut attendre réellement de SETI.

Simplicio : Or il n'est pas sans intérêt de se rappeler que, si E.T. est beaucoup plus évolué que nous – et vu la progression exponentielle du savoir, il suffit peut-être pour cela de quelques millénaires d'avance, ce qui n'est rien à l'échelle astrophysique – alors il est impossible de prouver que les OVNIs les plus coriaces sont autre chose que des visites de E.T. : armés, ou plutôt désarmés par la petite phrase du Signor Clarke, nous voilà condamnés à l'illogisme et à la contradiction, si nous persistons à refuser cette providentielle solution au paradoxe de Fermi sous prétexte qu'il nous manque la preuve que les OVNIs sont des vaisseaux interstellaires. C'est précisément ce que font tous les militants de SETI, et ils le font parce qu'ils furent élevés dans une bonne et saine culture dans laquelle on considère implicitement E.T. comme inexistant. Ainsi sentent-ils intuitivement que les soucoupes volantes sont trop belles pour être vraies, comme celles qui, selon certains témoignages, comportent des rivets à l'image de nos aéronefs terrestres[149], détail susceptible de laisser songeur le plus désabusé des ufologues quant à la dignité d'un véhicule interstellaire qui se respecte.

---

149 « Carl Sagan ; a life », Keay Davidson, John Wiley & Sons, 1999, p. 226.

Sagredo : Mais selon votre point de vue, Signor Simplicio, si nous voulions rester parfaitement cohérents avec nos présupposés, et quand bien même nous manquerait encore la preuve que les soucoupes émanent des E.T., alors il ne nous resterait plus qu'à nous écrier « OVNI soit qui mal y pense ! » en guise de profession de foi. Car qui serions-nous pour douter *a priori* de la dignité desdits OVNIs ?

Salviati : ...Et nous resterions prisonniers de l'illusion ufologique, passant notre vie à poursuivre chimères et vanités, dans un dénuement plus affreux au niveau moral que ne fut celui des goulags du Signor Staline au niveau matériel. Mais les OVNIs sont cause entendue, puisque ceux qui restent non identifiés ne le sont que par défaut d'enquête suffisamment approfondie, ou bien le fruit de quelques cerveaux enténébrés. Ce qu'il me faut, ce qu'il nous faut, ce sont de beaux signaux radio bien purs que tout un chacun pourrait constater à la seule condition de détenir l'équipement adéquat.

Simplicio : Si vous pouvez dire cela, Signor Salviati, c'est que vous n'avez point encore intégré véritablement la culture qui considère E.T. comme probable, et j'en remercie le Ciel. Souvenez-vous de la parabole des bifurcations que j'exposai : en aucune matière un représentant de cette culture ne peut éviter de conserver un doute lancinant quant à l'explication « artificielle ». Toujours et partout, il se doit de considérer non seulement une explication naturelle ou triviale, mais aussi une explication qui fasse appel à E.T., et cela même si une explication naturelle a été trouvée.

Sagredo : Tant que nous y sommes, allons danser sur la nef des fous ! Imaginons l'impensable pourtant si naturel, le « scénario catastrophe » qui s'impose, la déchéance annoncée : Si Arthur Clarke avait raison et que E.T. existait, ceux qui acceptent ces deux hypothèses pourraient, en toute logique et en toute raison, fortifiés par une parfaite cohérence, rendre un culte à E.T. ! pourquoi non ?

Simplicio : Je vous reconnais bien là, Signor Sagredo ! Et comme vous vous exclamâtes naguère, « ce *pourquoi non ?* a une vertu qui peuplera tout » y compris, dirais-je, le besoin religieux des rationalistes athées, tant les mécréants préfèrent s'adonner aux pires étrangetés plutôt que de s'humilier à croire au Dieu tout-puissant, créateur du ciel et de la Terre ! E.T. représente un ersatz de transcendance, après que le ciel eût été vidé de Dieu aux yeux des foules; mais c'est une transcendance « politiquement correcte », comme le fut la Déesse Raison qui parfuma l'époque révolutionnaire des plus étranges relents de paganisme : l'histoire du veau d'or se perpétue, l'ère des idoles n'est pas terminée. Il est amusant de constater que le fils aîné de Carl Sagan, Dorion Sagan, a lui-même énoncé cela : « la recherche d'intelligence extraterrestre est un substitut de religion dans notre époque laïque »[150]. Fort de cette constatation d'un observateur aussi privilégié, on pourrait alors se poser la question suivante : nous avons parlé de l'enjeu entre un univers où l'homme serait la seule espèce pensante, et un univers peuplé de nombreuses espèces de cette sorte. Mais, au vu de l'aspect messianique de la recherche SETI, ne s'agirait-il pas plutôt du vieil enjeu entre monothéisme et polythéisme ? Notre solitude nous contraindrait à placer notre espérance soit en nous-mêmes – et l'on ne connaît que trop le pitoyable résultat récolté par l'homme qui se fait Dieu – soit plus haut, vers un Être véritablement transcendant parce que distinct de l'univers. Tandis qu'admettre la multiplicité des civilisations E.T., parmi lesquelles de nombreuses seraient inévitablement super-évoluées, nous conduirait naturellement à porter notre regard vers ces dernières, qui nous seraient autant d'ersatz de divinités.

Sagredo : On imagine avec quelle fascination les pitoyables locataires de notre nef ballottée à tout vent de doctrine, en viendraient à vénérer ces *Supermen* imaginaires vers lesquels s'élanceraient, en une mêlée ambiguë, à la foi leurs aspirations les plus nobles et leurs convoitises les plus pressantes! Quoi de plus séduisante pour les foules vulgaires que l'illusion d'une force et d'une connaissance supérieures, alliées à l'espoir d'en obtenir quelques miettes improbables, à la faveur d'une soumission adoratrice ou au prix d'habiles manœuvres courtisanes auprès de ceux qui se présentent comme les initiés et les interprètes de E.T.? Tout cela existe et se déroule déjà sous nos yeux, à fort petite échelle heureusement, avec les fruits de néant que l'on sait[151] et avec un ridicule plus ample que n'eût jamais conçu le romancier le plus débridé.

---

[150] Cité par Keay Davidson, op. cit., p. 237.

[151] Sagredo fait ici allusion, entre autres, à la tristement célèbre secte des raëliens, pour ne citer que l'exemple le plus ubuesque.

Simplicio : Somme toute, nous assisterions à une entreprise de repeuplement rendue impérative par la « mort de Dieu » sur laquelle on a tant glosé : comme nous le savons tous, un seul être vous manque et tout est dépeuplé. Comme il s'agit ici de l'Être par excellence, tel qu'il se définit lui-même de manière fort explicite à Moïse, on ne peut rêver dépeuplement plus radical que celui résultant de sa négation.

Sagredo : Eh bien ! à chacun de repeupler ou, comme on le dit parfois, de « réenchanter » l'univers et les mondes qu'il contient. L'important est d'assurer sa propre satisfaction, bien que je reconnaisse que sagesse et vigilance soient ici d'une particulière nécessité, afin d'éviter écueils et chausse-trape disposés avec malice et habileté par autant de pervers gourous.

Salviati : Que voilà une redoutable dérive! Au nom du Ciel, mes amis, reprenez-vous, et cesser donc vos discours sur le divin! Ne voyez-vous pas à quel point vous contrevenez au principe sacré de la conservation de la bienséance ? N'étaient les lumières du soleil levant de la raison, je défaillerais en stupeur et tremblement ! L'issue de ces journées me navre et m'afflige : la digne conversation dont nous nous efforcions de maintenir le niveau élevé se gâte en vaticinations et vains discours sur la religion. Qu'attend-on pour bouter enfin et sans retour la foi hors du royaume des idées, afin d'y laisser la raison souveraine ?

Simplicio : Vous soulevez là, Signor Salviati, une question des plus fondamentale. Si chacun reconnaîtra que la raison est indispensable, la souveraineté et l'autonomie d'icelle doit-elle pour autant s'avérer absolue? La raison pure serait-elle au-delà de toute critique et n'aurait-elle point besoin d'être éclairée par la Transcendance ? N'est-il pas écrit : « La crainte de l'Éternel est le commencement de la sagesse ; tous ceux qui l'observent ont une raison saine. »[152] ? N'avions-nous pas évoqué, au cours ne nos entretiens, ces systèmes de pensée clos que sont les pseudo-sciences et qui sont doués d'une sorte de logique interne ayant au moins l'apparence de la raison, mais qui reposent sur de fausse prémices ? C'est pratiquement un fait d'observation que la foi en E.T., même sous la forme sage, contrôlée et prétendument scientifique de SETI, constitue à long terme une sérieuse menace pour la santé de la raison. Nous l'avons dit en termes mesurés,

152 Psaume 111, v. 10.

redisons-le en termes plus crus et – ô combien – plus provocants : Pourquoi, je vous le demande, SETI ne s'est-il point encore mué en Raël ? Serait-ce par les seules vertu d'une raison autonome et souveraine, unique régente légitime de nos âmes ? Point ! La raison opère sur ce qu'on lui donne à méditer. Elle peut en tester la cohérence et par là en juger la vraisemblance, mais elle ne peut créer l'information dont elle se nourrit. Elle ne peut opérer que dans un cadre qui lui est plus large et qui ne tire donc point d'elle son origine. Que SETI n'ait point enfanté Raël, c'est surtout parce que ses chercheurs sont issus d'une culture qui, de fait, ignore E.T. même si elle s'en défend.

Sagredo : Accessoirement, diriez-vous, c'est aussi parce qu'il n'a rien trouvé.

Simplicio : J'acquiesce. Ce programme eût-il trouvé quelque chose, quelle digue, quel rempart, quelle muraille eût pu contenir les hordes de Raël ? Le cadre implicite qui guide encore discrètement notre raison, mais dont personne ne parle vu que nul n'est digne d'en revendiquer la paternité, basculerait en faveur d'une tout autre vision du monde. Or cette vision, nous l'avons démontré, ne peut que faire la part belle à la magie, comme annoncé par le regretté prophète Arthur Clarke. Ce n'est pas un accessoire facultatif et anodin que cette magie, mais un élément constitutif, essentiel et nécessaire de cette nouvelle vision qu'appellent de leurs vœux, depuis des décennies sinon davantage, les occultistes et autres adeptes d'un Nouvel Age qui, s'il advenait, ne serait que sous-culture. Et de manière symétrique, je prétend qu'en réalité, tant que SETI restera paradoxalement basé sur le roc de la culture émancipée de E.T. qu'est la nôtre, il ne trouvera rien qui puisse ressembler à E.T.. Au contraire, la sous-culture ésotérique se permet d'engendrer ce qui lui plaît et le fait depuis fort longtemps, que ce soit des E.T. comme les conçoit Raël, des « guides de lumière » comme les conçoivent des mystiques du genre d'Emanuel Swedenborg[153], ou des esprits des défunts comme les concevait Allan Kardec[154].

---

[153] Mystique suédois du 18e siècle qui prétendait correspondre avec les esprits.

[154] Pseudonyme de l'auteur de la doctrine spirite, qui reprend dans son *Livre des esprits* (1857) les idées de réincarnation et de communication possible des vivants avec les morts via un medium. Il écrivit aussi *L'Evangile selon le spiritisme* (1864), qui n'a évidemment qu'un très lointain rapport avec l'Evangile proprement dit.

Salviati : Somme toute, SETI se verrait comme immunisé contre toute découverte de E.T. tant qu'il se veut scientifique ? Voilà une bien étrange conception qui n'est pas sans rappeler la non moins étrange idée du Signor Lagrange, selon laquelle E.T. pourrait bien nous côtoyer tout en restant invisible par le seul effet d'une distance culturelle irrémédiable. Cela ressemble fâcheusement à la sous-culture occultiste de par son caractère irréfragable.

Sagredo : Ce concept de Pierre Lagrange a décidément la vie dure. Voilà ce que l'on pourrait appeler un lagrangien doué d'une force particulièrement conservative – ce qui lui sied fort bien!

Simplicio : Vous avez le choix : ou bien vous vous en tenez à la culture qui rend la science possible et vous ne trouverez jamais E.T., pour la simple raison qu'il n'existe pas, ou bien vous tolérez la pensée magique et alors vous trouverez bien plus d'E.T. qu'il ne vous en faut, parce qu'une telle vue du monde en engendre à volonté, à profusion et à satiété !

Figure 6. Quand le triomphe rencontre la perplexité : découverte d'une civilisation extraterrestre.

Salviati : Comment cela, « pour la simple raison qu'il n'existe pas » ? Vous savez bien qu'un simple argument d'autorité n'a aucune valeur dans la réflexion scientifique, et je ne puis le tolérer. Veuillez donc étayer votre affirmation avec davantage de sérieux.

Simplicio : Cela est fort simple. Comme je l'expliquai lors d'une précédente journée, j'observe que l'astrophysique existe et se porte comme un charme. D'autre part, je constate que par construction, par nature et par principe, elle fait fi de l'existence possible de E.T., même quand certains de ses praticiens prétendent le contraire, et je prévois que si elle déviait de cette voie, elle ne manquerait de sombrer en décadence. De là, j'infère que l'existence même de cette noble science exclut l'existence de E.T..

Salviati : Ah ! quel cornélien dilemme ! La nature même de la science serait-elle donc ennemie de E.T. comme la vieillesse le fut d'Horace? O rage, ô désespoir ! Est-il concevable que seule notre imagination fût capable de peupler l'univers ?

Sagredo : Eh bien, *pourquoi non* ? Et si ce « pourquoi non » là s'avère incapable de peupler l'univers, sans doute peuplera-t-il notre esprit pour longtemps encore. Il y a là quelque chose de surprenant, dont je jouis d'avance d'entretenir la Marquise. Peut-être y a-t-il ici un sujet de profonde réflexion qui mériterait une méditation attentive. C'est pourquoi je suggère qu'après notre séparation, nous reposions chacun notre esprit en cultivant notre jardin dans l'attitude innocente et candide que requièrent les questions simples mais profondes.

OLYMPUS MONS
E.T. or not E.T., that is the question

Lexique

Aberration de la lumière : écart entre la direction apparente d'une source lumineuse et sa direction « vraie », dû à la vitesse finie de la lumière (voir texte pour des explications plus détaillées).

Année-lumière : unité de distance parfois utilisée en astrophysique, mais plus souvent dans un but de vulgarisation. C'est la distance parcourue par la lumière en une année, à une vitesse de près de 300 000 kilomètres par seconde. Cela représente une distance d'environ 9500 milliards de kilomètres, soit plus de 1500 fois la distance de Pluton au Soleil.

Ascension droite : coordonnée céleste équivalente à la longitude. On la compte le long de l'équateur céleste, de l'ouest vers l'est, à partir du point vernal. Elle est exprimée en heures, minutes et secondes plutôt qu'en degrés, pour des raisons historiques.

Astéroïde : petit corps rocheux, ou constitué d'un mélange de roches et de métaux, voire de glace, qui gravite autour du Soleil. Les astéroïdes ont des tailles allant de celle d'un rocher à celle d'une sphère de 1000 km de diamètre (Cérès), et la plupart d'entre eux gravitent entre les orbites de Mars et de Jupiter. Il en existe des milliers qui se répartissent en plusieurs familles. Il semble que certains soient le résultat de la destruction d'un corps plus massif par collision, au début de l'histoire du système solaire.

Astronomie de position : spécialité de l'astronomie concernant la définition et la mesure des position angulaires des étoiles ou d'autres objets astronomiques. On l'identifie parfois à l'astronomie proprement dite, les autres volets de cette science étant plutôt réunis sous le terme d'astrophysique. L'astronomie de position était indispensable autrefois aux navigateurs pour faire le point.

Astrophysique : étude physique des astres et de tous les objets qui peuplent l'univers. Ce terme tend à remplacer celui plus ancien et plus général d'astronomie.

Coordonnées célestes : système de repérage angulaire permettant de définir la position d'un astre et de le pointer avec un télescope. On distingue les

- **coordonnées équatoriales**, dont le plan de référence est l'équateur céleste et qui sont appelées ascension droite et déclinaison ; l'ascension droite a pour origine le point vernal ;
- **coordonnées azimutales**, dont le plan de référence est défini par l'horizon et qui sont appelées azimut et hauteur (ou élévation), ou encore azimut et distance zénithale ; dans le premier cas, la hauteur est nulle à l'horizon et vaut 90 degrés au zénith, tandis que dans le second, la distance zénithale vaut 0 au zénith et 90 degrés à l'horizon ;
- **coordonnées écliptiques**, basées sur le plan de l'écliptique (longitude et latitude écliptiques), avec respectivement le Soleil et le plan de l'écliptique pour origine ;
- **coordonnées galactiques**, basées sur le plan de notre Galaxie (Voie Lactée) et dont la longitude a pour origine la radiosource Sagittarius A, située au centre de la Galaxie.

Comète : petit corps des régions externes du système solaire, constitué de glace et de poussière, qui s'aventure dans les régions internes à la suite d'une perturbation gravitationnelle. Il devient alors particulièrement remarquable à cause du gaz qu'il dégage par sublimation et qui constitue ce qu'on appelle la chevelure, puis la queue. La chevelure peut atteindre des dimensions de l'ordre du million de kilomètre, tandis que la queue, due au vent solaire et à la pression de radiation du Soleil, peut atteindre des dizaines de millions de kilomètre de longueur. Le « noyau » dont vient ce gaz n'a que quelques kilomètres de diamètre. Les comètes perdent un peu de leur masse à chacun de leur passage près du Soleil, et certaines finissent même par tomber dans l'astre du jour.

Déclinaison : coordonnée céleste équivalente à la latitude. Elle varie de 0 sur l'équateur céleste à +90 ou –90 degrés au pôle nord, respectivement au pôle sud.

Écliptique : plan de l'orbite de la Terre autour du Soleil. Ce plan conserve une orientation fixe dans l'espace (en première approximation du moins), le système Soleil-Terre étant semblable à un gyroscope. Les planètes et la Lune se meuvent à peu près dans ce plan, en ce sens que le plan de leurs orbites respectives n'est incliné, au plus, que de quelques degré par rapport au plan de l'écliptique. L'orbite de la Lune est inclinée de cinq degrés environ, c'est pourquoi il n'y a pas d'éclipse de Soleil à chaque nouvelle lune, ni d'éclipse de Lune à chaque pleine lune. Il n'y a d'éclipse que lorsque la Lune traverse le plan de l'écliptique à ces phases là, d'où le nom donné à ce plan.

Équateur céleste : intersection du plan de l'équateur terrestre avec la sphère céleste ou, en termes plus simples, projection de l'équateur terrestre sur le ciel. Il sert de référence aux coordonnées célestes équatoriales : la déclinaison de tous les astres y est nulle.

E.T. : abréviation familière de extra-terrestre.

Étoile : corps céleste qui brille de lui-même (par opposition aux planètes) et qui est semblable au Soleil. Une étoile est constituée d'un mélange d'hydrogène (environ 70% en masse), d'hélium (environ 28%) et d'éléments plus lourds (carbone, azote, oxygène et les autres éléments du tableau périodique : environ 2%, parfois beaucoup moins) sous forme de plasma, c'est-à-dire de gaz largement ionisé. Pour le Soleil, la température de ce plasma varie de seize millions de degrés Kelvin au centre, où des réactions de fusion thermonucléaire ont lieu, à environ 5800 degrés Kelvin à la « surface » (cette dernière étant définie par le niveau où le plasma devient un gaz presque neutre et transparent). A l'exception des étoiles de très petite masse (un dixième de la masse du Soleil) qui ont à peu près la taille de la planète géante Jupiter, les étoiles sont beaucoup plus grosses que les planètes : le Soleil a un diamètre cent fois plus grand que la Terre. Il existe des étoiles cent fois plus massives que le Soleil, mais elles sont beaucoup plus rares et plus éphémères : leur temps de vie est de l'ordre du million d'année au lieu de dix milliards d'années.

Exoplanète : planète évoluant autour d'une autre étoile que le Soleil.

Galaxie : immense système d'étoiles et de nuages de gaz unis mutuellement par la force de gravité. Les galaxies sont les « briques » de l'univers. Elles contiennent typiquement 100 milliards d'étoiles et leur dimension se compte en kiloparsecs ou en dizaines de kiloparsecs. Leurs formes, leurs masses et leurs luminosités sont très diverses. Certaines ont une forme elliptique (comme un ballon de rugby par exemple), d'autre une forme de disque mince avec un renflement ou « bulbe » plus ou moins étendu au centre. Celles en forme de disque présentent toujours des bras spiraux plus ou moins enroulés. Notre système solaire n'est qu'un membre sur quelque 200 milliards d'étoiles (dont beaucoup sont entourées de planètes) constituant notre Galaxie, qui est de forme spirale.

Lagrangien : différence de l'énergie cinétique et de l'énergie potentielle d'un système mécanique soumis à des forces dites conservatives, c'est-à-dire dont le travail ne dépend pas du chemin suivi (la force de gravitation par exemple). Cette quantité est utilisée en mécanique rationnelle pour établir les équations du mouvement d'un système.

Lunette : télescope dont l'objectif est constitué de deux ou trois lentilles accolées mais de différents types de verre. A l'époque des toutes premières lunettes, l'objectif était une lentille simple mais donnait une image irisée des couleurs de l'arc-en-ciel à cause du fait que l'indice de réfraction du verre dépend de la couleur. La plus grande lunette du monde, celle de Yerkes, a un objectif de un mètre de diamètre, et a été construite à la fin du XIXe siècle. La grande lunette de Meudon, à Paris, a un objectif de 80 centimètres. Les grands télescopes modernes ont un miroir pour objectif, car il serait impossible de façonner et surtout de soutenir une lentille de 8 mètres de diamètre.

Météorite : corps rocheux ou métallique qui tombe sur la Terre ou sur une autre planète du système solaire. Sa taille peut varier de celle d'un grain de sable (on parle alors de micrométéorite) à celle d'une petite montagne. Dans ce dernier cas, rien ne la distingue d'un astéroïde, si ce n'est sa chute qui provoque la formation d'un cratère d'impact. On suppose que la fin des dinosaures a été causée, ou du moins accélérée, par les changements de climat liés à la chute d'une grosse météorite dont il resterait le cratère de Chicxulub, dans le Golfe du Mexique.

OVNI : abréviation de Objet Volant Non Identifié, traduction française de l'américain UFO.

Parallaxe (d'une étoile) : angle sous-tendu par le rayon moyen de l'orbite de la Terre autour du Soleil, pour une étoile donnée, exprimé en secondes d'arc. Cet angle est toujours inférieur à une seconde d'arc, même pour l'étoile la plus proche connue, Proxima Centauri. La parallaxe est inversement proportionnelle à la distance, ce qui permet de définir l'unité de distance la plus courante en astronomie : le parsec est l'inverse de la parallaxe exprimée en secondes d'arc.

Parsec : Unité de distance interstellaire ou intergalactique (auquel cas on parle plutôt de mégaparsec), qui vaut 3,26 années-lumière. Elle est définie comme l'inverse de la parallaxe exprimée en secondes d'arc.

Planète : corps céleste qui n'émet pas de lumière par lui-même, contrairement aux étoiles, et qui en règle générale tourne autour d'une étoile. Dans le système solaire, on distingue les planètes dites telluriques, qui ressemblent à la Terre ou à la Lune, et les planètes géantes ou gazeuses. Les premières sont formées de roches et d'éléments lourds (fer, nickel) et sont relativement petites, tandis que les secondes ont, en plus d'un noyau rocheux et métallique, une enveloppe formées d'éléments légers, principalement d'hydrogène et d'hélium.

Point vernal : point du ciel où se trouve le soleil à l'équinoxe de printemps, à l'une des deux intersections de l'équateur céleste et de l'écliptique, que l'on appelle, en termes techniques, nœud ascendant de l'écliptique.

Radiotélescope : télescope spécialisé dans l'observation des ondes électromagnétiques du domaine radio. Outil de prédilection de SETI. Voir télescope.

Référentiel d'inertie : système de référence physique (par exemple un laboratoire muni de règles graduées dans les trois dimensions de l'espace, et d'une horloge) idéal qui n'est soumis à aucune force extérieure. En mécanique classique ou en relativité restreinte, un tel système se déplace en ligne droite et à vitesse constante, s'il n'est pas immobile.

SETI : acronyme de Search for ExtraTerrestrial Intelligence. Nom générique par lequel on désigne l'ensemble des programmes de recherche de vie intelligente extraterrestre, essentiellement par écoute radio, dans l'espoir que de telles civilisations émettraient des signaux radio dans l'espace pour signaler leur présence. Le pionnier incontesté de ce type de recherche est l'astronome Frank Drake, qui l'inaugura en 1960 avec le programme OZMA. Actuellement, des recherches se font également dans le domaine optique, car les rayons laser pourraient aussi servir aux communications interstellaires.

Sphère céleste : sphère imaginaire utilisée en astronomie de position, et au centre de laquelle se trouve l'observateur. Le dôme sphérique d'un planétarium en donne une bonne représentation intuitive, à ceci près que les spectateurs ne sont pas situés au centre exact du dôme. Comme la distance d'un astre n'est pas directement mesurable (à moins d'efforts particuliers permettant de déterminer par exemple sa parallaxe), on mesure d'abord sa position angulaire, c'est-à-dire ses coordonnées sur la sphère céleste. Cette dernière peut être considérée comme une généralisation du cercle trigonométrique : chaque point sur la circonférence de celui-ci peut être défini par un angle unique. De même, il faut deux angles pour définir n'importe quel point sur la sphère céleste. On appelle ascension droite l'équivalent céleste de la longitude, et déclinaison l'équivalent céleste de la latitude.

Système solaire : le Soleil accompagné de ses planètes, des petites planètes, des astéroïdes, des comètes, des météorites et des poussières qui toutes gravitent autour de lui. Si l'on considère que Pluton, l'une des plus grosses des « petites planètes », fixe la limite du système solaire, alors celui-ci a un diamètre de l'ordre de 12 milliards de kilomètres. En réalité il faut au moins doubler cette dimension pour inclure des corps plus lointain mais toujours soumis en permanence à l'attraction solaire. Néanmoins, la dimension du système solaire reste minuscule à l'échelle interstellaire et surtout à l'échelle de notre Galaxie.

Télescope : instrument destiné à recueillir la lumière venant des astres pour en faire une image ou pour l'analyser à l'aide d'un spectrographe. Pratiquement tous les télescopes moderne ont un miroir concave pour objectif, plutôt qu'un train de lentilles, pour des raisons de coût, de poids et surtout de faisabilité technique. Les radiotélescopes ont exactement la même fonction, mais pour les ondes radio au lieu de la lumière visible ou infrarouge. Leur aspect diffère de celui des télescopes optiques par le fait que leur « miroir » est métallique plutôt qu'en céramique polie, de plus grand diamètre et d'une concavité plus prononcée, mais le principe de base est le même.

UFO : abréviation de Unidentified Flying Objects, terme utilisé par l'Armée de l'Air des États-Unis dès le milieu du XXe siècle pour désigner tout objet volant non identifié et donc potentiellement dangereux. La traduction française en est OVNI ; ce terme est plus général et plus neutre que celui de soucoupe volante.

Ufologie : « science » de l'étude des UFOs ou OVNIs, considérée comme une pseudo-science par la plupart des chercheurs scientifiques.

Ursa Major : nom latin de la constellation de la Grande Ourse.

Ursa Minor : nom latin de la constellation de la Petite Ourse.

Bibliographie

Allègre Claude, *Dieu face à la science*, Paris, Librairie Arthème Fayard, 1997

Barrow John, Tipler Frank, *The anthropic cosmological principle*, Oxford University Press, 1986

Bracewell, Ronald N., *The Galactic Club : intelligent life in outer space*, Portable Stanford : Alumni Association, 1974

Cabrol Nathalie A., Grin Edmond A., *La recherche de la vie dans l'univers*, Paris, PUF, coll. Que sais-je ?, 2000

Cocconi Giuseppe, Morrison Philip, *Searching for interstellar communication*, Nature Vol. 184, p. 844, 1959

Condon Edward U., *Scientific study of Unidentified Flying Objects*, E. P. Dutton & Co., N. Y. and Colorado Associated University Press, 1969

Crow Michael J., *The extraterrestrial life debate, 1750-1900*, Cambridge University Press, 1986

Davidson Keay, *Carl Sagan : a life*, New York etc., John Wiley & Sons, 1999

Davies Paul, *Are we alone ? Philosophical implications of the discovery of extraterrestrial life*, New York, BasicBooks (Orion Productions), 1995

Davies Paul, *The fifth miracle. The search for the origin of life*, London etc., Penguin Books, 1999

Dawkins Richard, *L'horloger aveugle*, Robert Laffont, 1989

Dick Steven J., *Plurality of worlds : the extraterrestrial life debate from Democritus to Kant*, Cambridge University Press, 1982

Dick Steven J., *The biological universe ; the twentieth-century extraterrestrial life debate and the limits of science*, New York, Cambridge University Press, 1996

Dyson, Freeman J., *Les dérangeurs d'univers*, Payot, 1986

Flammarion Camille, *La pluralité des mondes habités*, Paris, Mallet-Bachelier, 1862

Fontenelle, *Entretiens sur la pluralité des mondes*, édition critique avec une introduction et des notes par Alexandre Calame, Paris, Librairie Marcel Didier (4, rue de la Sorbonne), Librairie Nizet (3bis, place de la Sorbonne), 1966

Fort Charles, *The book of the damned*, New York, Horace Liveright Publisher, 1919

Galileo Galilei, *Dialogue sur les deux grands systèmes du monde* (trad. de l'italien par R. Fréreux et F. De Gandt), Paris, Seuil, 1992

Gardner Martin, *Les magiciens démasqués. Santé et propérité des pseudo-savants*, Paris, Presses de la Cité, 1966

Hawking Stephen, *Une brève histoire du temps ; du big bang aux trous noirs* (trad. de l'anglais par I. Naddeo-Souriau), Flammarion, 1989

Heidmann Jean, Vidal-Madjar Alfred, Prantzos Nicolas, Reeves Hubert, *Sommes-nous seuls dans l'univers ?*, Paris, Fayard, 2000

Hoyle Fred, *Le nuage noir*, Néo, 1957 (aussi édité par Dunod en 1962)

Hoyle Fred, *Hommes et galaxies* (trad. de l'anglais par C. de Richemont), Paris, Dunod, 1969

Hoyle Fred, *Aux frontières de l'astronomie* (trad. de l'anglais par M. et E. Vincent), Paris, Buchet/Castel, Corrêa, 1956

Hoyle Fred, *Galaxies, Noyaux et Quasars* (trad. de l'anglais par H. Delgove), Paris, Buchet/Castel, 1966

Hoyt William Graves, *Lowell and Mars*, Tucson, University of Arizona Press, 1976

Jung Carl Gustav, *Un mythe moderne. Des « signes du ciel »*, Gallimard, 1961, 1974

Lucrèce, *De la nature.* Traduction, introduction et notes par Henri Clouard, Garnier-Frères-Flammarion, 1964

Koestler Arthur, *Génie et folie de l'homme. Les somnambules. Essai sur l'histoire des conceptions de l'univers* (trad. de l'anglais par G. Fradier), Paris, Calmann-Lévy, 1960

Maupassant Guy de, *L'homme de Mars*, revue Paris-Noël, 1887-1888

Mayor Michel, Frei Pierre-Yves, *Les nouveaux mondes du cosmos*, Seuil, 2001

Michel Aimé, *Mystérieux Objets Célestes*, Arthaud, 1958

Monod Jacques, *Le hasard et la nécessité. Essai sur la philosophie naturelle de la biologie moderne*, Paris, Le Seuil, 1970

Oliver Bernard M., Billingham John, *Project Cyclops : a design study of a system for detecting extraterrestrial intelligent life*, Moffett Field, Calif. : NASA/Ames pub. CR-114445, 1972

Ordine Nuccio, *Le mystère de l'âne ; essai sur Giordano Bruno* (trad. de l'italien par F. Liffran et P. Bardoux), Paris, Les belles-lettres, 1993

Popper Karl, *La quête inachevée ; autobiographie intellectuelle* (trad. de l'anglais par R. Bouveresse et M. Bouin-Naudin), Calmann-Levy, 1981

Raulin-Cerceau Florence, Léna Pierre, Schneider Jean (sous la direction de), *Sur les traces du vivant ; de la terre aux étoiles*, Le Pommier, 2002

Reeves Hubert, *Patience dans l'azur. L'évolution cosmique*, Seuil (coll. Science ouverte), 1981

Rostand Jean, *Inquiétudes d'un biologiste*, Paris, Stock, Le Livre de Poche, 1967

Sagan Carl, Page Thornton, eds., *UFOs : a scientific debate*, Ithaca, N.Y., 1973

Sagan Carl, *Les dragons de l'Eden. Spéculations sur l'évolution de l'intelligence humaine et autre* (trad. de l'américain par V. Bardet et A.-C. Deloche), Paris, Seuil, 1980

Sagan Carl, *Contact*, New York, Pocket Books (Simon & Schuster), 1986

Schatzman Evry, *Les enfants d'Uranie ; à la recherche des civilisations extraterrestres*, Le Seuil (coll. Science ouverte), 1986

Sagan Carl, Shklovskii Iossif S., *Intelligent life in the universe*, San Francisco, Holden Day, 1966

Shklovskii Iossif S., *Five billion vodka bottles to the Moon : tales of a soviet scientist*, New York and London, W. W. Norton & Co, 1991

Shostak Seth, Barnett Alex, *Cosmic company. The search for life in the universe*, Cambridge UK, Cambridge University Press, 2003

Stoczkowski Wiktor, *Des hommes, des dieux et des extraterrestres. Ethnologie d'une croyance moderne*, Flammarion, 1999

Strauss David, *Percival Lowell. The culture and science of a Boston brahmin*, Harvard University Press, 2001

Sullivan Walter, *Nous ne sommes pas seuls dans l'univers. A la recherche de vies intelligentes dans d'autres mondes*, Robert Laffont, 1966

Ulmschneider Peter, *Intelligent life in the universe ; from common origins to the future of humanity*, Springer, 2003

Vallée Jacques, *Passport to Magonia : from folklore to flying saucers*, H. Regnery Co, 1969

Ward Peter D., Brownlee Donald, *Rare Earth. Why complex life is uncommon in the universe*, New York, Springer-Verlag (Copernicus), 2000

Webb Stephen, *If the universe is teeming with aliens… where is everybody ? Fifty solutions to the Fermi paradox and the problem of extraterreestrial life*, New York, Copernicus Books (Springer-Verlag) & Praxis Publishing Ltd., 2002

Index

Imprimé en France par
LIGHTNING SOURCE
www.lightningsource.fr

Printed in Dunstable, United Kingdom

91231528R00100